建筑工人职业技能培训系列教材

抹灰工
（初级工 中级工）

主　编　李　林
副主编　李月娟　刘仲文
参　编　申　颖　尚　昱　嵇　莉
主　审　刘秀庭

中国环境出版社·北京

图书在版编目（CIP）数据

抹灰工：初级工 中级工/李林主编．—北京：
中国环境出版社，2015.10
建筑工人职业技能培训系列教材
ISBN 978-7-5111-2557-6

Ⅰ.①抹…　Ⅱ.①李…　Ⅲ.①抹灰—技术培训—教材
Ⅳ.①TU754.2

中国版本图书馆 CIP 数据核字（2015）第 219450 号

出 版 人　王新程
策划编辑　陶克菲
责任编辑　易　萌
责任校对　尹　芳
封面设计　金　喆

出版发行　中国环境出版社
（100062　北京市东城区广渠门内大街 16 号）
网　　址：http：//www.cesp.com.cn
电子邮箱：bjgl@cesp.com.cn
联系电话：010-67112765（编辑管理部）
010-67112739（建筑图书分社）
发行热线：010-67125803，010-67113405（传真）
印　　刷　北京中科印刷有限公司
经　　销　各地新华书店
版　　次　2015 年 10 月第 1 版
印　　次　2015 年 10 月第 1 次印刷
开　　本　850×1168 1/32
印　　张　3.875
字　　数　100 千字
定　　价　11.00 元

建筑工人职业技能培训系列教材

编审委员会

建筑工人职业技能培训系列教材

出版说明

为推动我省建筑工人职业培训和职业技能鉴定工作的开展，不断提高建筑工人的素质和技能水平，切实完成住房和城乡建设部——“到2016年底，一级资质及以上的建筑施工企业实现自有工人全员培训、持证上岗。到2020年，实现全行业建筑工人全员培训，持证上岗”的总体目标，为我省建筑业的做大做强奠定基础。河南省建设教育协会、河南省建设劳动管理协会牵头成立了“建筑工人职业技能培训教材编写委员会”，抽调省内部分建设类专业院校的专家、教授参与教材编写，并组织了全省建筑施工企业的高级技师参与教材大纲的讨论，落实编写任务。在编写委员会和各位参编专家的共同努力下，该系列教材如期顺利完成。

全套教材共19本，涵盖9个工种：模板工、混凝土工、木工、防水工、抹灰工、油漆工、管道工、钢筋工和砌筑工，并编写了《建筑工程基础知识》作为通用教材，每个工种分为初级工、中级工一本，高级工、技师一本。教材以中华人民共和国颁布的最新“职业技能标准”和“法律法规”为依据，突出了“以职业活动为导向，以职业能力为核心”的指导思想，紧扣建筑行业对各工种技能的要求，注重建筑工人基本技能的培养和对质量标准的掌握。书中运用了大量工程图例，图文并茂，易于掌握。力求理论与实践相结合，具有较强的实用性。

本系列培训教材是建筑工人岗位职业技能鉴定考试培训用书，也可作为相关从业人员的自学辅导用书或建设类专业职业院校学生的学习参考用书。

本系列培训教材的编撰者为建设行业相关院校的教师、建筑施工企业及技能鉴定站的行业专家，在此一并表示感谢！

由于成书时间仓促，不足之处难免，欢迎读者提出宝贵意见。

河南省建筑工人职业技能培训系列教材编审委员会

2015年9月

前　言

在房屋建筑工程中，抹灰工是一个技术性较强的工种，涉及房屋结构的安全和质量，不仅需要广泛的知识面，也不允许有丝毫的差错。为增强从业者职业能力，培养高技能、高素质的专业技能员工，从业者需经过培训和考核，合格后方可持证上岗。为此，特编写了本教材。

在教学内容、课程体系和编写风格上着重贯彻了以下几点：

(1) 理论与实务有机结合起来，融合穿插编排，建立新的课程体系。以岗位所需知识和能力为主线，保证教材内容的系统性和完整性，注重理论联系实际。吸收企业人员审稿，努力与当前工程实践相结合。

(2) 新颖性。全新的体系和全新的编制理念，打破了传统的模式，采用最新的法规政策，内容具有先进性、实用性和适度的超前性。

(3) 可操作性强，注重能力的培养。本书侧重于应用能力的培养，列举了大量工程图例，具有较强的可操作性，并且结合能力目标，以必需、够用为原则。

(4) 综合性强。本书的内容包括了抹灰的专业技术、施工质量验收、安全事故技术、工料分析等内容，使从业者经过培训后即可满足工程实际岗位的需要。

本教材第 1 章、第 2 章由河南建筑职业学院李林编写，第 3 章由河南建筑职业技术学院李月娟编写，第 4 章由河南建筑职业技术学院申颖编写，第 5 章由河南建筑职业技术学院尚昱编写，第 6

章由河南建筑职业技术学院嵇莉编写，第 7 章由河南工人文化宫工程处刘仲文编写。全书由李林统稿，李月娟、刘仲文协助，河南建达工程造价咨询有限公司刘秀庭审核。编写过程中，参考了许多专家、学者的研究成果，同时注意吸收相关建筑领域的最新前沿动态，在此，我们全体编者对这些专家和学者的指导和帮助致以衷心的感谢。

由于编者水平所限，教材中难免有一些不足和疏漏，敬请广大读者批评指正。

编者

2015 年 7 月

目 录
contents

第 1 章 抹灰工的基础知识

1.1 色彩的基础知识

建筑物由多种材料构成，而每种材料又都带有各自的色彩。所选用材料如何协调色彩关系是影响建筑物艺术效果的关键因素。

自然界中的色彩千变万化，但归根结底是由红、黄、蓝三种颜色调配而成的，所以，这三种颜色也称为三原色。

1.1.1 色彩的混合分类

1. 原色

（1）原色是指红、黄、蓝三种颜色。由这三种颜色能够调配出其他任何颜色，而任何其他颜色调不出这三种颜色。

（2）间色：由两种原色混合而成的另一种颜色。如黄加蓝成为绿，红加蓝成为紫，红加黄成为橙。橙、绿、紫统称为间色。

（3）复色：由两种间色（或一种间色与一种原色）混合所产生的色。如橙加绿成为橙绿，橙加紫成为橙紫，紫加绿成为紫绿，红加黄加蓝成为黑灰。

2. 色彩的三要素

无论色彩如何变化，总的来说，是色彩的色相、明度和纯度所构成的这种变化。而明度、色相和纯度称为色彩三要素。

（1）色相：是指色彩的相貌。如红、绿、黄、蓝等名称。

（2）明度：是指色彩深浅明亮的程度。如浅红色明度高，深红色明度低。越趋向于白色的颜色明度就越高。不同色相的各种颜色也有明度差异，如黄色比蓝色明度高。

（3）纯度：是指色彩的饱和程度。即每种颜色含色的多少。当一种颜色没有和其他颜色相混合时，这种颜色纯度高，而当一种颜色和另一种颜色相混合时，这种颜色纯度就低，如红色比红橙的纯度高。

1.2 常用颜料的种类及掺量

1. 颜料

装饰用颜料，主要用矿物颜料（或称无机颜料），常用的颜色有红、黄、蓝、绿、棕、紫、黑、白等。彩色砂浆是在水泥砂浆、混合砂浆及石灰砂浆中加入相应的颜料配制而成，或以彩色水泥与砂等材料配制而成。装饰砂浆常用颜料及说明见表1-1。

2. 常用的装饰砂浆颜料（见表1-1）

表1-1 常用建筑装饰砂浆颜料选择

色彩	颜料名称	说明
黄色	氧化铁黄	遮盖力比其他黄色颜料都强。着色力几乎与铬黄相等。耐光性、耐大气影响、耐污浊气体以及耐碱性等都比较强，是装饰中既好又经济的黄色颜料之一
	铬黄（铝铬黄）	铬黄含有铬酸铝的黄色颜料，着色力高，遮盖力强，较氧化铁黄鲜艳，但不耐碱
红色	氧化铁红	有天然和人造两种，遮盖力和着色力较强，有优越的耐光、耐高温、耐大气影响，耐污浊气体及耐碱性能，是较好与较经济的红色颜料
	甲苯胺红	是鲜艳红色粉末，遮盖力较高、耐光、耐热、耐酸碱，在大气中无敏感性，一般用于高级装饰工程
蓝色	群青	为半透明鲜艳的蓝色颜料，耐光、耐风雨，耐碱，但不耐酸，是较好与较经济的蓝色颜料
	钴蓝	为带绿色的蓝色颜料，耐热、耐光、耐酸碱性能较好

续表

色彩	颜料名称	说明
绿色	铬绿	是铅铬黄和普鲁士蓝的混合物，颜色决定了两种成分比例的组合，变化较大，遮盖力强，耐气候变化、耐光、耐热性均好，但不耐酸碱
棕色	氧化铁棕	是氧化铁红和氧化铁黑的机械混合物，有的产品还掺有少量的氧化铁黄
紫色	氧化铁紫	可用氧化铁红和群青配用代替
黑色	氧化铁黑	遮盖力、着色力很强、耐光、耐一切碱类，对大气作用也很稳定，是一种较好与经济的黑色颜料
	碳黑	根据制造方法不同分为槽黑（俗称硬质碳黑）和炉黑（俗称软质碳黑）两种，装饰工程上常用炉黑，性能与氧化铁黑基本相同，比重稍轻，不易操作
	锰黑	遮盖力颇强
	松烟	采用松材、松根、松枝等在窑内进行不完全燃烧而熏得的黑色烟炱。遮盖力与着色力均好

1.3 抹灰工程的作用及分类

1.3.1 抹灰工程的作用

无论是民用建筑还是工业建筑，在建筑施工过程中，常将其分为基础施工（指首层地面以下结构）、主体结构施工（首层地面以上的墙、柱、楼板、屋顶等）和装饰装修三个阶段。而抹灰工程是装饰装修阶段中工程量最大，也是最重要的部分。主要表现在以下几方面：

（1）造价高。装饰装修工程从整个建筑物的总造价所占比重来分析，一般民用建筑约占 30%（有些高级装饰装修工程占总造价的 50%以上），而中抹灰工程造价占装饰装修造价的一半左右。

（2）工程量多。一般民用建筑平均每平方米建筑面积有 3～

$5m^2$ 的室内抹灰和 0.15～$0.75m^2$ 的室外抹灰（高级装饰装修工程室外抹灰可达 0.75～$1.30m^2$）。

(3) 劳动量大。由于抹灰工程量大，机械化程度又不高，因此，劳动力所占比重较大。一般民用建筑中抹灰工劳动量占装饰装修工程的 50%左右，占整个建筑物施工总劳动量的 25%左右。

(4) 施工工期。一般民用建筑抹灰工程占总工期的 30%～40%（高级装饰装修工程占总工期 50%以上）。

综上所述，抹灰工程在建筑施工中的影响很大。因此，要求抹灰工在保证质量的前提下改进操作工艺和提高效率，在讲究艺术效果的同时，降低成本，是实现工程建设既定目标的关键。

抹灰分为室内抹灰和室外抹灰。

(1) 室外抹灰的作用。室外抹灰可以保护主体结构，阻挡自然界中风、雨、雪、霜等的侵蚀。提高建筑物墙面的防潮、防风化和保温、隔热、隔声等能力，改善建筑物艺术形象、美化城市，是建筑艺术的组成部分。

室外抹灰的部位一般包括：勒脚、墙面、窗台、腰线、雨篷、阳台、檐口和屋顶等部位。

(2) 室内抹灰的作用。室内抹灰可以保护墙体，使房屋内部平整明亮、改善室内采光条件。提高保温、隔热、抗渗、隔声等性能，保护主体结构免受侵蚀，创造良好的居住、工作条件，装饰性的室内抹灰，还是美化室内环境的重要组成部分。

室内抹灰的部位一般包括：楼地面、踢脚、墙面、顶棚、楼梯等部位。

1.3.2 抹灰工程的分类

装饰装修工程中与抹灰工种有关的有抹灰工程、饰面板（砖）工程、地面工程等。

1. 抹灰工程

抹灰工程分为一般抹灰、装饰抹灰、清水砌体勾缝等。

(1) 一般抹灰。按房屋标准、操作的工序和质量要求，一般抹灰可分为普通抹灰和高级抹灰。

1）普通抹灰：适用于一般居住、公共和工业房屋（如居民住宅、教学楼、医院等）以及高级建筑物中的附属用房。

其一般做法要求是：一层底层、一层中层和一层面层（或一层底层和一层面层）。要求设置标筋，分层抹平，表面洁净，线角顺直，接槎平整。

2）高级抹灰：适用于大型公共建筑物、纪念性建筑物（如展览馆、影剧院、高级公寓和高级写字楼等）以及有特殊要求的高级建筑等。

其一般做法是：一层底层、数层中层和一层面层。在抹灰时要求找方，设置标筋，分层抹平，表面光滑洁净，颜色均匀一致，线角平直，清晰美观无接缝。

一般抹灰按胶凝材料不同，分为石灰砂浆、水泥砂浆、水泥混合砂浆、聚合物水泥砂浆、麻刀石灰、纸筋石灰、石膏灰等。

（2）装饰抹灰。装饰抹灰与一般抹灰工程相比，在材料、工艺、外观上具有特殊性，大多属于高级装饰装修的内容，比一般抹灰工程具有更高的要求。

装饰抹灰是利用水泥、砂子、石灰、石粒、石屑等材料，根据设计要求，通过各种操作直接作成的饰面层。

装饰抹灰一般有水刷石、斩假石、干粘石、假面砖等项目（但水刷石浪费水资源，并对环境有污染，应尽量减少使用）。

（3）清水砌体勾缝。清水墙表面不作粉刷，只在砌体作勾缝处理。清水墙可以是黏土砖，也可以是石材，勾缝抹灰可起到防水、保温和装饰墙面的作用。清水砌体勾缝包括清水砌体砂浆勾缝和原浆勾缝等项目。

2. 饰面板（砖）工程

饰面板（砖）工程指把块料面层根据设计图纸要求，通过各种操作直接粘贴、安装在基层上。

饰面板（砖）工程常用的石材有花岗石、大理石、青石板和人造石材；采用的瓷板有抛光板和磨边板两种，面积不大于

1.2m^2，不小于0.5m^2；金属饰面板有钢板、铝板等品种；陶瓷面砖主要包括釉面瓷砖、外墙面砖、陶瓷锦砖、陶瓷壁画、劈裂砖等；玻璃面砖主要包括玻璃锦砖、彩色玻璃面砖、釉面玻璃等（花岗石、大理石等天然石材因具有放射性，因此对室内用花岗石、大理石等，必须进行放射性检测）。

3. 地面工程

建筑装饰装修工程中的地面工程，分为整体面层、板块面层和木、竹面层等。其中整体面层包括水泥混凝土面层、水泥砂浆面层、水磨石面层、水泥钢（铁）屑面层、防油渗面层、不发火（防爆）面层。板块面层包括有砖面层（陶瓷锦砖、缸砖、陶瓷地砖、水泥花砖面层等）、大理石面层和花岗石面层、预制板块面层（水泥混凝土板块、水磨石板块面层等）、料石面层（条石、块石面层等）、塑料板面层、活动地板面层、地毯面层。木、竹面层包括实木地板面层、实木复合地板面层、中密度复合地板面层、竹地板面层等。

第2章 抹灰材料及常用机具

2.1 常用抹灰装饰材料

2.1.1 水泥

水泥是一种水硬性无机胶凝材料，当它加水拌和后形成塑性浆体，经过一系列的物理化学作用后凝结硬化，它既能在水中硬化，又能在空气中硬化，并持续增长其强度。它是当代最重要的建筑材料之一。

在建筑工程中应用最广泛的是硅酸盐类水泥，有硅酸盐水泥、普通硅酸盐水泥（简称普通水泥）、矿渣硅酸盐水泥（简称矿渣水泥）、火山灰质硅酸盐水泥（简称火山灰水泥）和粉煤灰硅酸盐水泥（简称粉煤灰水泥）五种。抹灰用的水泥宜为硅酸盐水泥、普通硅酸盐水泥，其强度等级不应小于32.5级。另外，要根据环境的情况和水泥的特点，正确选择水泥的品种。水泥的质量必须符合相关标准的要求，进入施工现场必须检验合格后方可使用。

2.1.2 集料（俗称骨料）

抹灰中常用的集料有砂子、石渣、膨胀珍珠岩、膨胀蛭石、纸筋、胶料等。

（1）砂子。砂子是岩石风化后的产物，由不同粒径的矿物颗粒混合而成。分为山砂、河砂、海砂等。砂子常用做骨料，按平均粒径大小分为粗砂（平均粒径大于0.5mm）、中砂（平均粒径为0.35～0.5mm）、细砂（平均粒径为0.25～0.35mm）和特细砂（平均粒径为0.25mm）。抹灰工程中常用中砂。

在天然砂中含有一定数量的黏土、泥块、灰尘和杂物，要求砂子在使用前过筛，不得含有杂物，含泥量较高的砂子在使用前必须用清水冲洗干净后再使用。

（2）石渣。在抹灰工程中，除常用砂子作骨料外，还经常用石渣作骨料进行装饰抹灰。彩色石渣是由天然大理石及其他石材经破碎筛分得到的。它具有各种不同的颜色（包括白色、红色、绿色等），经常用于制作水磨石、水刷石、干粘石、斩假石及其他饰面抹灰骨料，其品种、规格及质量要求见表2-1。

表2-1 彩色石渣品种、规格及质量要求

规格（俗称）	粒径/mm	常用品种	质量要求
大二分	约20	东北红、东北绿、丹东绿、盖平红、粉黄绿、玉泉灰、旺青、晚霞、白云石、云彩绿、红王花、奶油白、竹根霞、苏州黑、黄花玉、南京红、雪浪、松香石、墨玉等	颗粒坚韧、有棱角、洁净、不得含有风化的石粒，使用时应冲洗干净
一分半	约15		
大八厘	约8		
中八厘	约6		
小八厘	约4		
米粒石	0.3～1.2		

（3）膨胀珍珠岩。珍珠岩是一种酸性火山玻璃质岩石，因它有珍珠裂隙结构而得名。它有黄白、灰白、淡绿、褐、棕、灰、黑等颜色。我国珍珠岩的产地、储藏量极为丰富，各地珍珠岩矿石的矿物组成基本相同，主要是由酸性火山玻璃质组成。珍珠岩内含有结合水，当这种含水的玻璃熔岩受高温作用时，玻璃质即由固态软化为黏稠状态，内部水由液态变为高压水蒸气向外扩散，使黏稠的玻璃质不断膨胀。膨胀的玻璃质如被迅速冷却达到软化温度以下时，则珍珠岩就形成了一种多孔结构的产品，这种产品就是膨胀珍珠岩。

生产膨胀珍珠岩的矿石有珍珠岩、松脂岩、黑曜岩三种岩石，它们都属于酸性火山玻璃质岩石（简称“酸性玻璃质熔岩”），习惯上将这三种矿石所生产的产品统称为膨胀珍珠岩。

膨胀珍珠岩具有表观密度小、绝热性能好、使用温度广、化学稳定性好、无毒、无味、不腐、不燃、耐酸、耐碱等特点。

（4）膨胀蛭石。蛭石是一种复杂的铁、镁含水硅酸铝酸盐类矿物，是水铝云母类矿物中的一种矿石，其矿物组成及化学成分极其复杂，而且很不固定。蛭石在热膨胀时，很像水蛭（蚂蟥）蠕动，故名蛭石。

膨胀蛭石是由蛭石经过晾干、破碎、筛选、煅烧、膨胀而成。蛭石在 800～1000℃下煅烧时，其颗粒单片体积能膨胀 20 倍以上，许多颗粒的总体积膨胀为 5～7 倍。膨胀后的蛭石，形成许多薄片组成的层状碎片（也可叫颗粒），在碎片内部具有无数细小的薄层空隙，其中充满空气，因此表观密度极小，导热系数很小，耐火防腐，加之价格低廉，是一种较好的无机保温隔热、吸声材料。但因蛭石耐久性较差、吸湿性较大，所以现在用量已逐渐减少，而被新型的保温、隔热材料所取代。

（5）纸筋。又叫粗草纸，有干纸筋和湿纸筋（纸筋）之分，干纸筋的用法是在淋灰时，先将纸撕碎，除去尘土后泡在清水桶内浸透，然后按每 100kg 石灰膏内掺入 2.75kg 的比例，倒入淋灰池内。在使用时再用 3mm 孔径筛过筛或用小钢磨搅磨成纸筋灰使用。

（6）胶料。胶料一般为有机胶凝材料，常用的有聚醋酸乙烯乳液、甲基硅醇钠等。

1）聚醋酸乙烯乳液。聚醋酸乙烯乳液是一种乳白色水溶性胶黏剂，是抹灰工程中常用的胶料。在水泥砂浆中掺入适量的乳液，不仅便于涂抹、颜色均匀，还能提高面层的强度，加强面层与基层之间的黏结性能。

聚醋酸乙烯乳液的掺量不宜超过水泥重量的 40%。在水泥砂浆中加入适量的聚醋酸乙烯乳液及少量附加剂、颜料可配制成彩色聚合物水泥砂浆，可涂刷于墙面上，然后在其上喷罩（或涂刷）

甲基硅醇钠防水剂，形成外墙饰面层。

2）甲基硅醇钠。甲基硅醇钠是常用的建筑防水剂，为无色透明液体，使用时，喷刷在外墙面上，有提高饰面耐久性、防水、防污染、防风化等作用。

甲基硅醇钠使用时要用清水稀释，重量比一般为1∶9，体积比一般为1∶11。

喷刷时，3%浓度溶液用量以400g/m^2为宜，若用量过多，会使表面产生白色粉末，影响色泽均匀和外观质量。

喷刷后24h内不能雨淋，否则应重新喷刷。

需要特别说明的是过去建筑工程中用得最多的是聚乙烯醇缩甲醛胶黏剂（俗称107胶），由于其中含有甲醛严重超标，住建部已把其列入被淘汰的建材产品的名单中，在家庭装修中禁止使用。

2.1.3 天然石材

天然石材由天然岩石通过开采所获得的毛料，或经加工制成的块状、板状石料，统称天然石材。利用天然石材的色泽、质地、纹理作装饰材料，具有不可替代的自然美，其中装饰效果最为突出的是大理石和花岗岩。

（1）大理石：大理石是由石灰岩或白云岩等变质而成的岩石，多呈层状结构，有明显的结晶，纹理清晰，花纹丰富多彩，而且抗压强度较高、硬度不大、易加工，这些都是作为装饰材料的优越条件。

大理石主要加工成饰面板和各种花饰雕刻。大理石碎屑，是制作水磨石、水刷石、干粘石等的主要原料。

大理石因其含碳酸盐在大气中易受二氧化碳、硫化物和水汽侵蚀而风化。因此，大理石多用于室内的墙、柱及地面等装饰。

大理石饰面板在运输中应防湿，严禁滚摔、碰撞。板材应在室内储存，室外储存时应加遮盖。板材应按品种、规格、等级或工程部位分别存放。板材直立码放时，应光面相对，倾斜度不大于150°，层间加垫，垛高不得超过1.5m；板材平放时，应光面相对，地面必须平整，垛高不得超过1.2m。包装箱码放高度不得超过2m。

(2) 花岗岩。花岗岩是含硅量较多的一种酸性深层岩。属硬石材，由长石、石英及少量云母组成。

花岗岩的色调，由所含的有色矿物的颜色而定，有灰色、深灰色、淡红色、粉红色等。花岗岩结构致密，质地坚硬、耐久性好、强度高、外观美丽，主要用来加工成装饰板材。按表面加工程度分为剁斧板材、机刨板材、粗磨板材和磨光板材等。

花岗石不易风化变质、硬度高，多用于外墙饰面和室内、外地面。室内用花岗石放射性应满足《民用建筑工程室内环境污染控制规范》[GB 50325—2010（2013年版）] 的相关要求。

储运要求，与前述大理石板材相同。

2.1.4 陶瓷制品

1. 陶瓷锦砖

陶瓷锦砖也称马赛克。原指以彩色石子或玻璃等小块材料镶嵌成一定图案的细工艺品，较早多见于古罗马时代教堂的窗玻璃、地面装饰等部位。

陶瓷锦砖是以优质瓷土烧制而成的小块瓷砖，具有耐磨、不吸水、易清洗又不太滑等优点。它是由边长50mm以下，具有各种几何形状和色彩的小单砖，拼出整体图案，贴在纸上。可用于外墙、内墙饰面、铺地砖等。

陶瓷锦砖在纸上拼接后的成品称为"联"。有305mm×305mm、325mm×325mm、327mm×327mm、328mm×328mm。

2. 缸砖

也称地砖，一般不上釉，是用做建筑物铺筑地面、阳台、露台、走廊等的板状陶瓷建筑材料，耐磨且易于清洗。

缸砖一般比外墙饰面砖厚10mm以上，具有强度较高，耐磨性能好，吸水率较低等特点。

缸砖一般呈暗红色，也有黄色、白色等，色彩丰富，常用规格有正方形（150mm×150mm×13mm、100mm×100mm×100mm 等）、长方形（150mm×100mm×20mm 等）和六角形等。

3. 釉面砖

也称瓷砖。釉面砖是用瓷土或优质陶土煅烧而成。主要用于建筑物内墙饰面，又称为内墙面砖。这是因为釉面砖是多孔的坯体，在长期与空气接触过程中，特别是在潮湿的环境中使用，会吸收大量水分而产生吸湿膨胀现象。由于釉的吸湿膨胀非常小，当坯体湿膨胀程度超过釉的抗张强度时，釉面发生开裂。如果用于室外，经长期冻融，更易出现剥落掉皮现象，所以釉面砖只能用于室内，不能用于室外。釉面砖的种类和特点见表 2-2。

表 2-2 釉面砖的种类、特点和代号

种类		特点	代号
白色釉面砖		色纯白，釉面光亮，镶于墙面，清洁大方	FJ
彩色釉面砖	有光彩色釉面砖	釉面光亮晶莹，色彩丰富雅致	YG
	石光彩色釉面砖	釉面半无光，不显眼，色泽一致，色调柔和	SHG
装饰釉面砖	花釉砖	是在同一砖上，施以多种色釉，经高温烧成。色釉互相渗透，花纹千姿百态，有良好的装饰效果	HY
	线晶釉砖	晶花晖映，纹理多姿	JJ
	斑纹釉砖	斑纹釉面，丰富多彩	BW
	理石釉砖	具有天然大理石花纹，颜色丰富，美观大方	LSH
图案砖	白地图案砖	是在白色釉面砖上装饰各种彩色图案，经高温烧成，纹样清晰，色彩明朗，清洁优美	BT

续表

种类		特点	代号
图案砖	色地图案砖	是在有光（YG）或石光（SHG）彩色釉面砖上，装饰各种图案，经高温烧成，生产浮雕、煅光，绒毛、彩漆等效果。做内墙饰面，别具风格	YGID YGT SHGT
瓷砖画及色釉陶瓷字	瓷砖画	以各种釉面砖拼成各种瓷砖画，或根据已有画稿烧制成釉面砖，再拼装成各种瓷砖画，清洁优美，永不褪色	—
	色釉陶瓷字	以各种色釉、瓷土烧制而成，色彩丰富，光亮美观，永不褪色	—

4. 外墙陶瓷面砖

外墙陶瓷面砖分为有釉和无釉两种，是用做建筑物外墙装饰的板状陶瓷建筑材料。一般为长方形或方形，外墙陶瓷面砖具有坚固耐用、色彩鲜艳、易清洗、防火、防水、耐磨和耐腐蚀等特点，但不足之处是造价偏高、工效低、自重大。

外墙陶瓷面砖的规格与性能见表2-3。

表2-3 外墙陶瓷面砖的规格与性能

种类		规格/mm	性能
名称	说明		
表面无釉墙面砖	有白、浅黄、深黄、红、绿等颜色	200×100×12 150×75×12 75×75×8 108×108×8	质地坚固，吸水率不大于8% 色调柔和、耐水、抗冻、经久耐用
表面有釉墙面砖	有粉红、蓝、绿、金砂釉、黄、白等颜色		
线砖	表面有突起线纹、有釉、有黄、绿等颜色		
外墙主体贴面砖 立体彩釉砖	表面有突起立体图案，有釉		

为保证工程质量，外墙陶瓷面砖的抗折强度、尺寸偏差、吸水率、急冷急热、抗冻性（寒冷地区）等需进行复验。

5. 储运与保管

各种陶瓷饰面制品，出厂时应按规定包装牢固，包装箱上应有厂名、产品名称、商标、规格、尺寸、级别、色号、数量、易碎标志。搬运时应轻拿轻放，严禁摔扔。运输时，应防雨、防潮、防冲击。存放时，应在室内按品种、规格、等级分别码放整齐，室外存放应有防雨、防潮设施。

2.2 抹灰砂浆

2.2.1 一般抹灰砂浆

一般抹灰砂浆按照其组成材料不同，可分为以下几种：

（1）水泥砂浆：由水泥和砂按一定配合比例，再加少许水混合而成。根据需要也可掺少量外加剂，如微沫剂、减水剂等。

（2）水泥混合砂浆：由水泥、石灰膏和砂按一定配合比例混合而成。有时也掺少量外加剂，如减水剂、早强剂等。

（3）石灰砂浆：由石灰和砂按一定配合比例混合而成。

（4）石膏灰：以石灰膏为主，再加少量石膏混合而成。用于高级抹灰，如顶棚抹灰等。

（5）纸筋灰：在石灰膏中加入一定量纸筋混合而成。纸筋可以提高石灰膏的抗裂性。

（6）聚合物水泥砂浆：在水泥砂浆中掺入水泥用量10%～20%的胶料，以提高砂浆的黏结性。

外墙、门窗洞口的外侧壁、屋檐、勒脚、压檐墙、温度较高的车间和房间、地下室以及混凝土板和墙的底层宜选用水泥砂浆或混合砂浆。加气混凝土砌体宜选用混合砂浆或聚合物水泥砂浆；板条、金属网顶棚和墙的底层和中层，宜选用石灰麻刀砂浆。

2.2.2 装饰抹灰砂浆

装饰抹灰砂浆是用于室内外装饰，以增加建筑物美感为主要目的的砂浆，应具有特殊的表面形式和不同的色彩与质感。

装饰抹灰砂浆以普通水泥、白水泥、石灰、石膏等为胶凝材料，以白色、浅色或彩色的天然砂、大理石及花岗岩的石屑或特殊塑料色粒为骨料。还可用矿物颜料调制成多种颜色。

装饰抹灰表面可进行各种艺术处理，创造多种造型，达到不同的建筑艺术效果，如制成水刷石、干粘石、斩假石及假面砖等。

1. 水刷石

水刷石是一种传统的装饰抹灰，是以较小的大理石渣、水泥和水拌和，抹在事先做好并硬化的底层上，压实赶平，在水泥接近凝结前，用毛刷沾水或用喷雾器喷水，使表面石渣外露而形成的饰面石渣，可用单色或花色普通石渣，也可用美术石渣。水泥可用普通颜色，也可加入矿物颜料。当采用小八厘石渣时，水泥∶石渣＝1∶1.5；用中八厘石渣时，水泥∶石渣＝1∶1.25。

大墙面使用水刷石，往往以分格、分色来取得艺术效果，也可用于檐口、腰线、门窗套、柱面等部位。水刷石应用较广，但操作需要一定的技术水平。

2. 干粘石

干粘石是对水刷石做法的改进，一般采用小八厘石渣，略掺石屑，在刚抹好的水泥砂浆面层上，用手工甩抛并及时拍入而得到的石渣类饰面。为提高效率，用喷涂机代替手工作业，每小时可喷出石渣 12～15m^2，即所谓喷粘石。

干粘石可使用于不易碰撞的墙面。这种抹灰方法操作简单、饰面效果好、施工效率高、造价低等特点，是一种应用广泛的装饰抹灰。

3. 斩假石

又称剁斧石。多采用细石渣内掺 3％的石屑，加适当比例的水泥和水拌和后，抹在已做好的底层上，压实赶平，养护硬化后用石斧斩琢，而得到的人造石材状的表面。

斩假石按表面形状可分为平面斩假石、线条斩假石、花饰斩假石三种，它常使用于公共建筑的外墙、园林建筑等处，是一种装饰效果极佳的装饰抹灰。

4. 假面砖

假面砖抹灰是使用彩色砂浆仿釉面砖效果的一种装饰抹灰。这种抹灰造价低，操作简便，效果好，在装饰抹灰施工中被广泛应用。

2.2.3 特种砂浆

特种砂浆是为适用于某种特殊功能要求而配制的砂浆。

1. 保温砂浆

保温砂浆是以水泥、石灰膏等为胶结材料，用膨胀珍珠岩、膨胀蛭石作为骨料加水按一定比例配合调制而成。它不但具有保温、隔热和吸声性能，还具有无毒、无臭、不燃烧等特性。

保温砂浆宜用普通硅酸盐水泥。膨胀珍珠岩砂浆的体积配合比为石灰膏∶珍珠岩＝1∶（4～5）；水泥∶珍珠岩＝1∶3。膨胀蛭石砂浆的体积配合比为石灰膏∶蛭石＝1∶（2.5～4）、水泥∶蛭石＝1∶（4～8）。砂浆稠度应以外观疏松、手握成团不散，挤不出或仅能挤出少量灰浆为度，虚铺厚度约为设计厚度的130%，然后轻压至要求高度。做好的保温层平面，应以1∶3水泥砂浆找平。

2. 防水砂浆

防水砂浆是在水泥砂浆中掺入防水剂配制成的特种砂浆。防水剂是由化学原料配制而成的一种速凝和提高水泥砂浆不透水性的外加剂。按化学成分归纳为：氯化物金属盐类、硅酸钠类及金属皂类。常用的防水剂品种、性能、用途如下：

（1）防水浆是混凝土的掺合料，有速凝、密实、防水、抗渗、抗冻等性能。所配制的防水砂浆，可用于地下室、水池、水塔等工程的防水。

（2）避水浆是几种金属皂配制而成的乳白色浆状液体。掺入水泥后能与水泥生成不溶性物质，可填充堵塞微孔，提高水泥砂浆或混凝土不透水性。适用于屋面、地下室、水池、水塔等防水、防潮抹面。

(3) 防水粉是由氢氧化钙、硫酸钙、硬醋酸铝等组成。掺入水泥后能与水混合凝结，坚韧而有弹性，可起到填充微小空隙和堵塞封闭混凝土毛细孔的作用。适用于屋面、地下室、水塔、水池等防水工程。

(4) 氯化铁防水剂是以氯化铁为主要成分的防水剂，其中还含有少量的氯化钙、氯化铝等。掺入到水泥砂浆或混凝土中能提高防水抗渗能力，增加密实度。适用于地下室、水池、水塔、设备基础等防水抹面。

3. 耐酸胶泥与耐酸砂浆

常用的耐酸胶泥和耐酸砂浆是以水玻璃为胶黏剂，氟硅酸钠为固化剂，以耐酸料（石英料、辉绿岩粉、瓷粉等）为填充料，耐酸砂（石英砂）为细骨料，根据设计要求并经试验确定的配合比配制而成。其特点是耐酸性能好，常温下对稀硫酸、稀盐酸、稀硝酸、醋酸、蚁酸等有耐腐蚀能力。适用于工业厂房中耐酸、防腐车间和化学实验室地面和墙裙等。

耐酸胶泥的配合比一般为耐酸粉∶氟硅酸钠∶水玻璃＝100∶(5.5～6)∶(37～40)（重量比）。耐酸砂浆的配合比一般为耐酸粉∶耐酸砂∶氟硅酸钠∶水玻璃＝100∶250∶11∶74（重量比）。

4. 聚合物砂浆

在水泥砂浆的拌合物中加入聚合物乳液后的砂浆，均称为聚合物水泥砂浆。目前常采用的聚合物有聚醋酸乙烯乳液、不饱和合聚酯（双酚 A 型）、环氧树脂等。

聚合物水泥砂浆在硬化过程中，聚合物与水泥之间不发生化学反应，水泥水化物被乳液微粒包裹，成为互相填充的结构。聚合物水泥砂浆的黏结力较强，同时具有耐蚀、耐磨、抗渗等性能，且均高于一般的水泥砂浆。

目前，聚合物砂浆主要用来提高装饰砂浆的黏结力，填补钢筋混凝土构件的裂缝，适用于有耐磨及耐侵蚀的面层。

2.3 抹灰工常用的工具及机具

2.3.1 常用的手工工具

1. 抹子

抹灰工常用的抹子有铁抹子、钢皮抹子、塑料抹子、木抹子、压板、阴角抹子、圆阴角抹子、塑料阴角抹子、阳角抹子、圆阳角抹子和捋角器（如图 2-1 所示）。

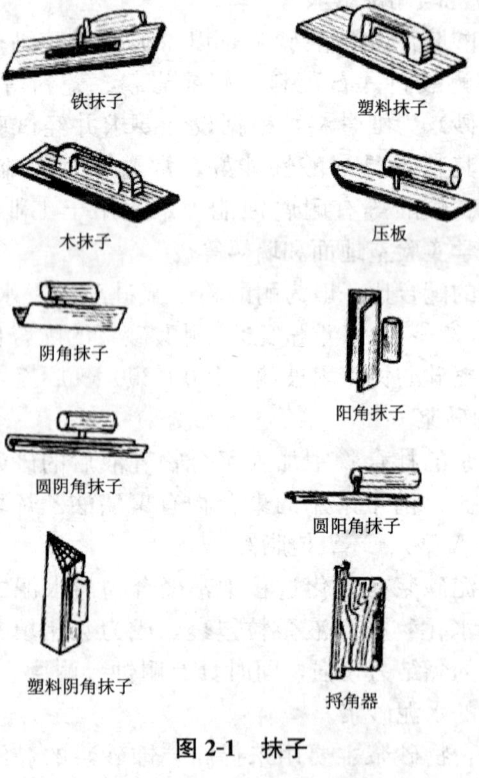

图 2-1　抹子

（1）铁抹子（也称铁板）：一般用于抹底子灰或抹水刷石、水磨石等面层。

（2）钢皮抹子：外形如同铁抹子，只是较薄，弹性较大，多用于抹水泥砂浆面层和地面压光等。

（3）塑料抹子：用聚乙烯硬质塑料制成，适用于纸筋灰面层的压光。

（4）木抹子：用红、白松木制作而成，适用于砂浆的搓平压光。

（5）压板：适用于压光水泥砂浆面层及纸筋灰等罩面。

（6）阴角抹子：适用于阴角压光，分为尖角和小圆角两种。

（7）圆阴角抹子：适用于水池阴角和明沟的压光。

（8）塑料阴角抹子：适用于纸筋灰等罩面层的阴角压光。

（9）阳角抹子：适用于压光阳角和做护角线。分为尖角和小角两种。

（10）圆阳角抹子：适用于楼梯踏步防滑条的捋光压实等。

（11）捋角器：适用于捋水泥抱角、作护角等。

2. 木制工具

常用的木制工具有托灰板、八字靠尺板、方尺、木杠和刮尺（如图 2-2 所示）。

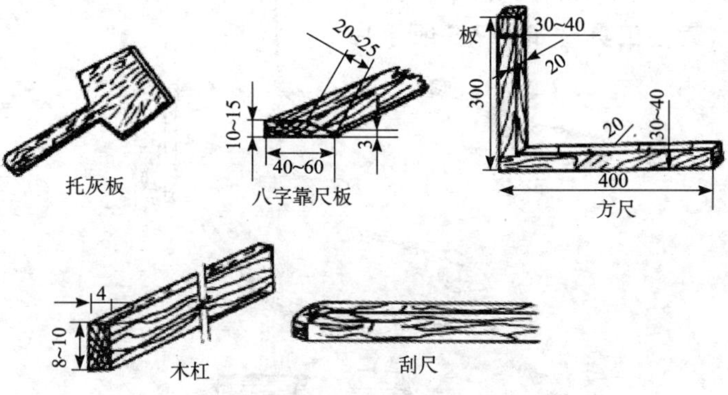

图 2-2　木制工具

（1）托灰板：适用于抹灰时承托砂浆用。

（2）八字靠尺板：适用于作棱角的依据。

（3）方尺：适用于测量阴阳角方正。

（4）木杠与刮尺：木杠分长、中、短三种。长木杠为 2500～

3500mm，多用于冲筋；中木杠为 2000～2500mm，短木杠为 1500mm，适用于刮平地面或墙面的抹灰层。木杠断面为矩形，刮尺断面一面为平面，另一面为弧形。

3. 搅拌工具

人工搅拌常用工具有铁锹、灰镐、灰耙、灰叉子、筛子等（如图 2-3 所示）。

4. 斩假石工具（如图 2-4 所示）

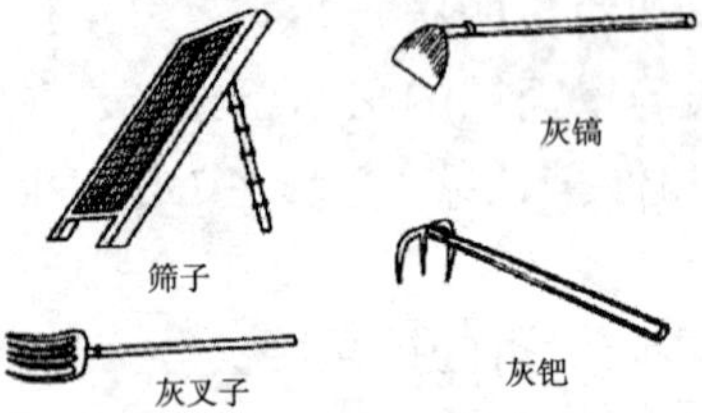

图 2-3　手工搅拌工具

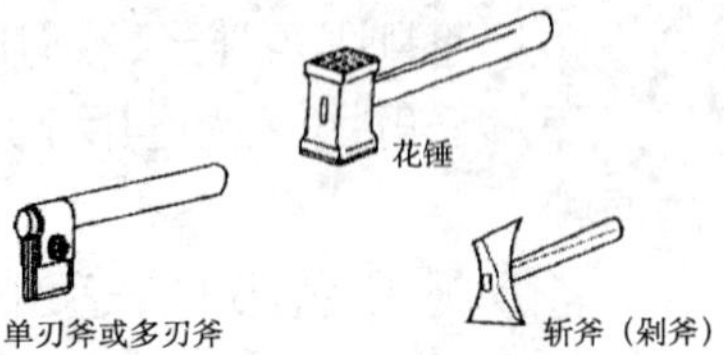

图 2-4　斩假石工具

（1）斩斧（剁斧）：适用于剁斩假石或清理混凝土基层。

（2）单刃斧或多刃斧：多刃是由多个单刃组成，用于剁斩假石。

（3）花锤：多用于剁斩假石。

5. 其他工具（如图 2-5 所示）

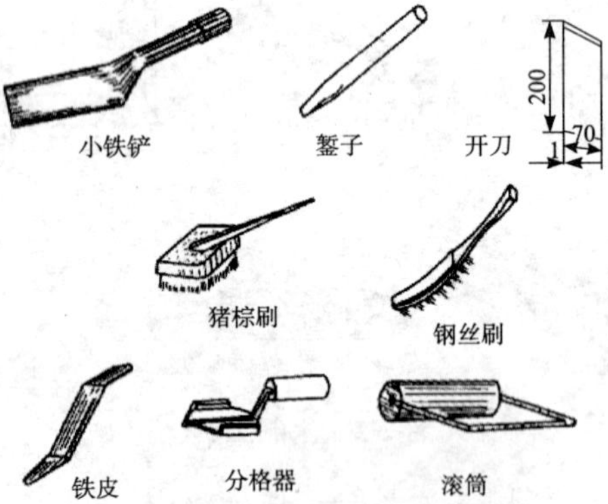

图 2-5　各种操作工具

（1）小铁铲：常用于饰面砖铺满刀灰。

（2）錾子：常用于剔凿板材、块材。

（3）开刀：适用于陶瓷锦砖拨缝。

（4）猪棕刷：适用于水刷石、水泥搭毛灰。

（5）钢丝刷：适用于清刷基层面。

（6）铁皮：是用弹性较好的钢皮制成。适用于小面积或铁抹子伸不进去的地方的抹灰及清理。

（7）滚筒：适用于抹混凝土地面压实。

（8）分格器：适用于抹灰面层的分块。

2.3.2　常用小型机具

1. 砂浆搅拌机

砂浆搅拌机的种类很多，一般规格有：200～325L，每台班砂浆搅拌机的产量为 18～26m^3，活门卸料砂浆搅拌机的构造如图 2-6 所示。

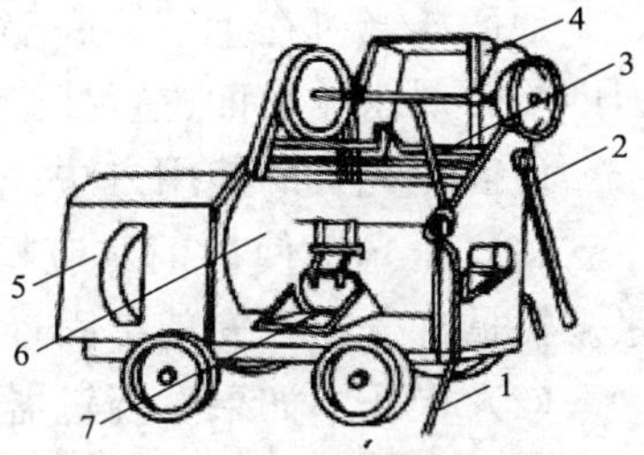

图 2-6　砂浆搅拌机

1. 水管；2. 上料操纵手柄；3. 出料操纵手柄；4. 上料斗；5. 变速箱；6. 搅拌斗；7. 出灰门

（1）砂浆搅拌机的使用方法：

1）使用前应检查搅拌叶片是否松动、检查电器线路连接是否良好、电动机的接零是否良好、三角皮带松紧是否合适；

2）使用时应注意电动机和轴承的温度，电动机温度不得超过规定值，轴承温度一般不能高于 60℃；

3）注意进出料装置的灵活程度，以保证安全操作。注意加料量不能超过规定容量，并应在正常转速下加料。如果中途停机，应在重新启动前，将拌筒中的材料倒出来，以免增加启动负荷。

（2）砂浆搅拌机的安全操作：

1）了解砂浆搅拌机的性能，经培训合格后，方能允许单独操作；

2）传动皮带轮和齿轮必须设有防护罩；

3）操作前应检查搅拌叶片是否松动、电器设备的绝缘和接地是否良好，机械是否转动正常；

4）搅拌叶片达到正常转数后，方可加料。搅拌过程中严禁用手、木棒拨刮拌筒口砂浆，出料时应用卸料手柄；

5）搅拌机运转不正常时，应立即停机检查，严禁开机修理；

6）工作结束后，应将搅拌机断电，并且锁好开关箱。

2. 纸筋灰搅拌机

纸筋灰搅拌机是由搅拌筒和小钢磨两部分组成。它不仅能搅拌纸筋灰，还可以搅拌玻璃丝灰，每台班能搅拌 $6m^3$ 纸筋灰。

2.3.3 地面压光机

地面压光机在十字架底部装有 2～4 片抹刀，起动电动机，抹刀即旋转对水泥地面进行抹光。

地面压光机的使用方法：

（1）压光机使用前，应检查电器开关是否良好、导线是否绝缘。机械部分是否安装牢固；

（2）操作中如果发现机器不能正常运转，应停机检查；

（3）电动机或传热部分过热，应停机冷却后再工作，每班工作结束后，要切断电源；

（4）操作时，应穿胶鞋、戴绝缘手套，以防触电。

第3章 一般抹灰工程

抹灰分部工程按《建筑工程施工质量验收统一标准》（GB 50300—2001）规定包括一般抹灰、装饰抹灰和清水砌体勾缝三个分项工程。而每一个分项工程按作业位置又分为室内和室外两大部分。

3.1 一般抹灰工程的基本规定

一般抹灰工程是指使用石灰砂浆、水泥砂浆、水泥混合砂浆、聚合物水泥砂浆和麻刀石灰、纸筋石灰、石膏灰等抹灰材料进行施工的一种传统工艺。

一般抹灰工程分为普通抹灰和高级抹灰。国家标准规定：当设计无要求时，按普通抹灰验收。

为了保证抹灰层表面平整、避免裂缝，抹灰工程应分层操作。因此，抹灰层一般由底层、中层和面层三部分组成。

3.1.1 分层的作用与要求

1. 底层

底层主要的作用是使抹灰层与基层黏结牢固。如果底层黏结不好，中层和面层搞得再好，也会使抹灰层与基层分离剥落。

2. 中层

中层主要的作用是找平，但也使抹灰层之间粘贴牢固，在施工中，有时根据质量要求，所用的材料与底层相同。中层抹灰可与底层抹灰一起进行，所用的材料与底层相同，但应符合每遍厚度要求，并且底层的抹灰层强度不得低于中层及面层的抹灰层强度。

3. 面层

面层主要的作用是装饰。对面层的要求是平整、无裂痕、颜色均匀，并也应与其他抹灰层之间黏结牢固。因此，规范特别强调要求抹灰层与基层之间及各抹灰层之间必须黏结牢固，抹灰层应无脱层、空鼓、面层应无爆灰和裂缝。

3.1.2 分级质量与施工要求

一般抹灰工程按质量分为普通抹灰和高级抹灰两个等级。不同的等级有不同的质量要求，而不同的质量要求又采用不同的施工方法。

普通抹灰表面质量应光滑、洁净、接槎平整，分格缝应清晰。为此施工方法要求“三遍成活”即一底层、一中层、一面层。施工工艺上达到阳角找方，设置标筋，分层赶平，修整，表面压光。

高级抹灰表面质量应光滑、洁净、颜色均匀、无抹纹。分格缝和灰线应清晰美观。为此施工方法要求“多遍成活”即一底层，数中层、一面层。施工工艺上达到阴、阳角找方，设置标筋，分层赶平、修整，表面压光。

3.1.3 抹灰层平均总厚度与分层厚度

1. 抹灰层平均总厚度

不同的抹灰基层及不同部位，要求不同的抹灰厚度，抹灰层的平均总厚度，不得大于下列规定：

（1）顶棚抹灰。板条、现浇混凝土：15mm；预制混凝土：18mm；金属网：20mm。

（2）内墙抹灰。普通抹灰：20mm；高级抹灰：25mm。

（3）外墙抹灰。砖墙面：20mm；勒脚及凸出墙面部分：

25mm；石材墙面：35mm。

国家标准规定：当抹灰总厚度大于或等于35mm时，应采取加强措施。不同材料基体交接处表面的抹灰，应采取防止开裂的加强措施，当采用加强网时，加强网与各基体的搭接宽度不应小于100mm。

2. 抹灰层分层厚度

分层每遍抹灰的厚度主要是根据选用抹灰砂浆品种及基层材料和部位而定，一般要求水泥砂浆每遍厚度5～7mm；石灰砂浆及混合砂浆每遍厚度7～9mm；面层抹灰按赶平压实后的平均厚度，麻刀石灰不得大于3mm，纸筋石灰、石膏灰不得大于2mm。

纸筋石灰、麻刀石灰及石膏灰仅能做面层灰，应做在水泥石灰砂浆、石灰砂浆、水泥膨胀珍珠岩的中层灰层上。

但应注意的是，水泥砂浆不得涂抹在石灰砂浆层下，并且水泥砂浆拌好后，应在初凝前用完，凡结硬砂浆不得继续使用。各种砂浆抹灰层，在凝结后应采取措施，加强养护，防止玷污和损坏。

3.2 室内顶棚抹灰

顶棚抹灰按基层不同可分为预制混凝土顶棚抹灰、现浇钢筋混凝土板顶棚抹灰及木板条顶棚抹灰等；按罩面灰不同又分为纸筋灰罩面、麻刀灰罩面及石膏灰罩面等。另外，还有顶棚装饰扯灰线工程细部做法。本节仅以现浇钢筋混凝土板顶棚抹灰为例加以说明。

3.2.1 施工准备

1. 灰浆材料的配制

以1∶0.5∶1的水泥混合砂浆或1∶3的水泥砂浆抹灰，纸筋灰罩面。

2. 配料

必要时为清洗基层表面的油渍，需准备10%的火碱水，为提高底层砂浆与基层的黏结力需配制水泥乳液聚合物砂浆。

3. 工具与机具

需要砂浆搅拌机、纸筋灰搅拌机，以及铁锹、筛子、手推车、灰槽、灰勺、木杠、靠尺板、线坠、钢卷尺、方尺、托灰板、铁（木、塑料）抹子、八字靠尺、各种刷子、胶皮水管、小水桶、喷壶、分格条、工具袋等。

4. 作业条件

结构工程应通过验收并合格，且弹好＋500mm 水平线。

5. 脚手架

已搭设好脚手架，铺好脚手板后，距顶板 1.8m 左右，以人在架子上，头顶距离顶棚 100mm 左右为宜，脚手板应满铺，板下平杆或马凳的间距不大于 2m。

3.2.2 施工工艺

基层处理→弹线、找规矩→抹底子灰→抹罩面灰

3.2.3 操作要点

1. 基层处理

首先将凸出的混凝土剔平，对钢（或木）模施工的混凝土顶应凿毛，并用钢丝刷满刷一遍，再浇水湿润。也可采用“毛化处理”办法，即先将表面尘土、污垢清扫干净，用 10％火碱水将顶面的油污刷掉、随之用净水将碱液冲净，晾干。然后用 1∶1 水泥细砂浆内掺水重 20％的胶黏剂，用机喷或用扫帚将砂浆甩到顶上，其甩点要均匀，初凝后浇水养护，直至水泥砂浆疙瘩全部黏到混凝土光面上，并有较高的强度，用手掰不动为止。

2. 弹线、找规矩

根据＋500mm 水平线找出靠近顶棚四周的水平线，其方法是用尺杆或钢尺量至离顶棚板距离 100mm 处，再用粉线包弹出四周水平线，作为顶棚水平的控制线。也可称为顶棚抹灰层的面层标高线，此标高线必须从＋50mm 水平线量起，绝不可从顶棚底往下量。

3. 抹底子灰

底子灰包括底层灰和中层灰两层灰之和。应分两次抹，抹底层灰时是在混凝土顶板湿润的情况下，先刷掺胶黏剂的素水泥浆一道（内掺水重 10%的胶黏剂），随刷随抹。底层灰可采用水泥混合砂，或水泥砂浆（配比见前面灰浆材料配制部分）、其厚度控制在 2～3mm 为宜，操作时需用力压，以便将底层灰挤入到混凝土顶板细小孔隙中，用软刮尺刮抹顺平，用木抹子搓平搓毛。注意顶棚抹灰不做灰饼、标筋，所以顶棚抹灰的平整度由目测和水平线找齐。抹中层灰时，其抹压方向宜与底层灰抹压方向相垂直。高级的顶棚抹灰，应加钉长 350～450mm 的麻束，间距为 400mm，并交错布置，分遍按放射状梳理抹进中层灰内。中层灰一般采用水泥混合砂浆，其厚度控制在 6mm 左右。抹完后仍用原软刮尺顺平，然后用木抹子搓平整（如图 3-1 所示）。

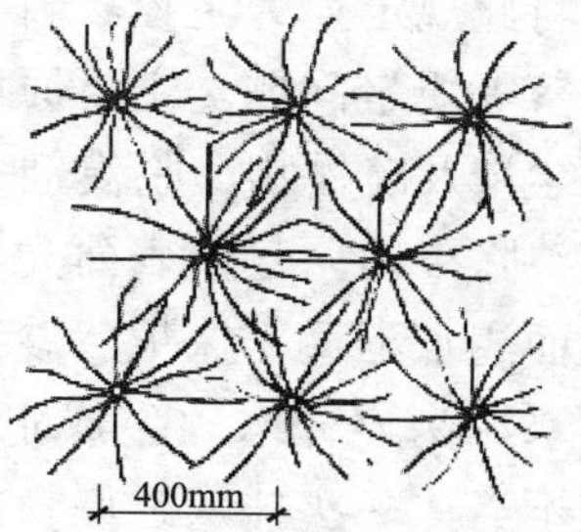

图 3-1　加钉麻束梳理示意图

4. 抹罩面灰

待中层灰达到 6～7 成干，即用手按不软但有指印时，就可以抹罩面灰。要防止中层灰过干，如过干可洒水湿润再抹。

当采用纸筋灰罩面时，其厚度应控制在 2mm，并要分两遍抹成，第一遍灰抹得厚度越薄越好，紧跟着抹第二遍罩面灰。操作时抹子要平，稍干后，用塑料抹子或压子顺着抹纹压实压光，两遍成活。

3.2.4　顶棚抹灰质量通病及防治

顶棚抹灰质量通病除了具备墙面抹灰的质量通病外，最重要的是它的空鼓、裂缝和脱落不仅是影响装饰效果，严重的会危及人身安全，造成巨大损失。如某些地区为解决混凝土顶棚基体表面抹灰层脱落的质量问题，要求各建筑施工单位，不得在混凝土顶棚基体表面抹灰，用腻子找平即可。但并非混凝土顶棚抹灰不可使用，新的国家标准规定：抹灰层与基层之间及各抹灰层之间必须黏结牢固，抹灰层应无脱层、空鼓，面层应无爆灰和裂缝。并且将此规定列为主控项目。造成抹灰层之所以出现开裂、空鼓和脱落等质量问题，主要原因是基体表面清理不干净，如：基体表面尘埃及疏松物、脱模剂和油渍等影响抹灰黏结牢固的物质未彻底清除干净；基体表面光滑，抹灰前未作毛化处理；抹灰前基体表面浇水不透，抹灰后砂浆中的水分很快被基体吸收，使砂浆中的水泥未充分水化生成水化石，影响黏结力；砂浆质量不好，使用不当；一次抹灰过厚，干缩率较大等。另外，不按施工规范操作，擅自将抹灰层与基体黏结的黏结层（抹掺有黏结剂的素水泥浆一道）去掉，也是造成黏结不牢的原因之一。总之，上述原因都会影响抹灰层与基体的黏结牢固，应当引起足够的重视。

针对上述原因，应当采用相应的措施加以防治，考虑到篇幅问题，这里就不再叙述，请读者列出具体的防治措施。

3.3 室内墙面抹灰工程

室内一般抹灰工程主要包括室内墙面、顶棚及室内地面抹灰工程，以及室内细部的一般抹灰工程。

3.3.1 施工准备工作

1. 材料准备

（1）水泥：宜选用硅酸盐水泥、普通硅酸盐水泥，其强度等级不应小于32.5级。进入现场应有产品合格证书，并要求对水泥的凝结时间、安定性和强度进行复验，合格后方可使用。

（2）石灰膏：应细腻洁白，不含未熟化颗粒；不能使用已冻结、风化的石灰膏。石灰膏的熟化期不应少于7d（过3mm的筛网）。

（3）砂：宜选用中砂，含泥量不超过3%。使用前应过筛，不得含有害杂物。

（4）麻刀：应均匀、坚韧、干燥，不含杂质，长度1～3mm，过剪，随用随打松，使用前4～5d用石灰膏调好。

(5) 纸筋：应撕碎，用清水浸泡，捣烂、搓绒；漂去黄水，达到洁净细腻。按100∶2.75（石灰膏∶纸筋）量比掺入淋灰池。

2. 工具与机具准备

操作用工具和机具与顶棚抹灰相同。

3. 作业条件准备

(1) 结构工程已经过验收合格。

(2) 检查原基层表面凸起与凹陷处，并经过剔实、凿平、修补孔洞，其缝隙可用1∶3水泥砂浆填嵌密实，各种预埋管件已按要求就位，并做好防腐处理。

(3) 根据室内墙面高度和现场的情况，提前搭好操作用的高凳或架子，并要离开墙面及角部200～250mm，以便操作。

3.3.2 施工工艺

基层处理→墙面浇水→找规矩、抹灰饼→抹水泥踢脚板→抹护角线→抹水泥窗台板→墙面冲筋→抹底灰→阴阳角找方→抹罩面灰

3.3.3 操作要点

1. 基层处理

先把基层表面的尘土、污垢、油渍等应清除干净。对于光滑的混凝土墙面，应采用“凿毛”或“甩毛”喷水泥砂浆（1∶1）的方法使其凝固在混凝土的光滑表面层上，达到初凝后，用手掰不动为止。

2. 墙面浇水

砖墙应提前1天浇水，要求水要渗入墙面内10～20mm。浇水时应按从左至右，从上至下的顺序进行，一天两次为宜。对于混凝土墙面也要提前浇水湿润，但要掌握好水势和速度。

3. 找规矩、抹灰饼

目的是为有效地控制抹灰层的垂直度、平整度和厚度，使其符合抹灰工程的质量标准。抹灰前要求找规矩、抹灰饼，也叫做

抹标准标志块。其步骤：首先是用托线板检查墙体墙面的平整和垂直情况，根据检查的结果兼顾抹灰总的平均厚度要求，决定墙面抹灰厚度。然后弹准线。将房间用角尺规方，小房间可用一面墙做基线，大房间应在地面上弹出十字线。在距阴角 100mm 处用托线板靠、吊垂直。弹出竖线后，再按抹灰层厚度向里反弹出墙角抹灰准线，并在准线上下两端钉上铁钉，挂上白线作为抹灰饼、冲筋的标准。最后是做灰饼。先在距顶棚 150～200mm 处贴上灰饼，再距地面 200mm 处贴下灰饼。先贴两端头，再贴中间处灰饼［如图 3-2（a）所示］。墙高 3.2m 以上，需要两个人挂线做灰饼［如图 3-2（b）所示］。

抹灰饼的厚度是以确定的抹灰厚度为准，用 1∶3 的水泥砂浆做成 50mm×50mm 见方灰饼，先做两端头的上灰饼，并以这两块灰饼为依据拉线，以此做准线，每隔 1.2～1.5m，做一块灰饼。当上灰饼做好后，用缺口板和线坠做下灰饼，下灰饼应距地 200mm 左右。其做法与上灰饼做法相同（如图 3-3 所示）。

(a) 做灰饼　　(b) 两人挂线

图 3-2　找规矩示意图

4. 抹水泥踢脚板（或墙裙）

踢脚板和墙裙抹灰，应在墙面抹灰之前进行（如底灰为水泥砂浆或水泥石灰砂浆，也可在室内墙面抹灰之后进行），这样既能有效地防止踢脚板空鼓，又能控制墙面抹灰的平整度。

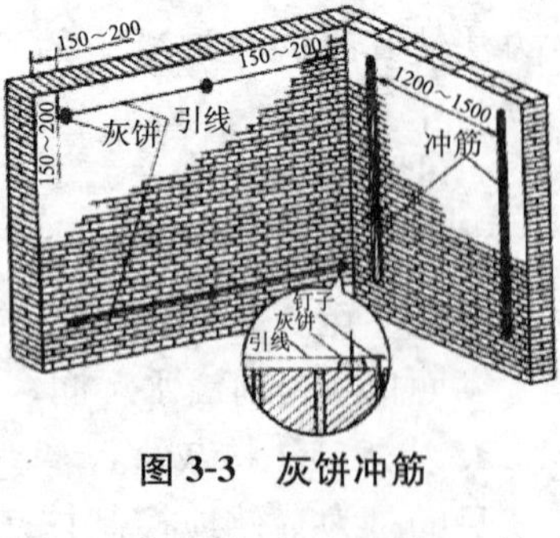

图 3-3　灰饼冲筋

踢脚板（或墙裙）抹灰之前，应将基层面清理干净，并提前浇水湿润，弹出高度水平线，然后用水泥素灰浆薄薄地刮一遍，要求超出高度水平线30～50mm，紧接着用1∶2水泥砂浆抹底层灰，后用木抹子搓成麻面或称搓毛。

底层灰搓毛抹完后，应待初凝后，就可以用1∶2.5的水泥砂浆罩面，其厚度为5～7mm。待面层灰抹平压光收水后，按施工图设计要求的高度，从室内500mm的抄平线下返踢脚板的高度尺寸。再用粉线包弹出水平线，然后用八字靠尺靠在线上（即踢脚板上口）用钢抹子将踢脚板（或墙裙）切齐后（如图3-4所示），用小压子压抹平整后，再用阳角抹子沿踢脚板的上口线捋光，使踢脚板（或墙裙）的上口直线度达到要求。

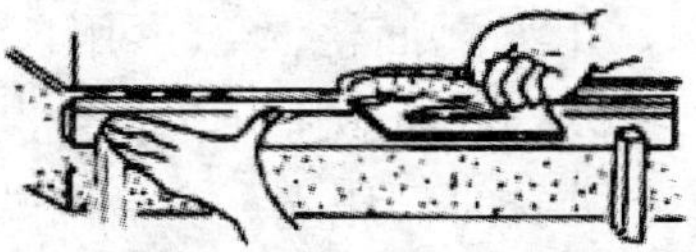

图3-4　抹子切齐示意图

5. 抹护角线

室内墙面、柱面和门洞口的阳角应做护角线。当设计无特殊要求时，应采用1∶2水泥砂浆做暗护角，其高度不应低于2m。每侧宽度不应小于50mm，其步骤如下：

在墙、柱（或门洞口）的阳角处首先浇水使其湿润。以墙面标志块为依据，首先要将阳角用方尺规方。门洞口的阳角靠门框一边，则以门框离墙面的空隙为准，另一边则以标志块厚度为依据。最好在地面上划好准线，按准线粘好靠尺板，用线锤吊直，方尺找方。然后，在靠尺板的另一边墙角面分层抹1∶2水泥砂浆，护角线的外角与靠尺板外口平齐；一边抹好后，再把靠尺板移到已抹好护角的另一边，用钢筋卡稳后，再用线锤吊直靠尺板，把护角的另一面分层抹好。最后，轻轻地把靠尺板拿掉。待护角的棱角稍干时，用阳角抹子和水泥素浆捋出小圆角。最后在墙面处稳住靠尺板，按要求尺寸沿角留出50mm，将多余砂浆沿40°斜面切掉，将墙两边和门框及落地灰清洗干净（如图3-5所示）。

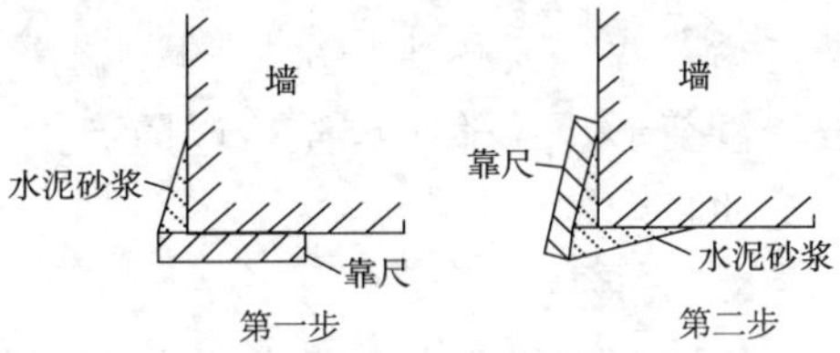

图3-5　做护角示意图

6. 抹水泥窗台板

首先将窗台基层清理干净，松动的砖重新砌好，并把砖缝划深，用水湿润浇透，再用 1∶2 的细石混凝土铺实，其厚约为 25mm。次日先刷一道水泥素浆，后用 1∶2.5 的水泥砂浆罩面，窗台要抹平、压光。窗台两端抹灰要超过 60mm，由窗台上皮往下抹 40mm，并在窗台阳角处用捋角器捋成小圆角。窗台下口要平直，不得有毛刺：抹完后隔天浇水养护 2～3d。

7. 墙面冲筋

墙面冲筋又叫做标筋。冲筋就是在两灰饼间抹出一条长灰埂来，断面成梯形，底面宽约 100mm，上宽 50～60mm，灰埂两边搓成与墙面成 45°～60°角。抹灰埂时要求比灰饼凸出 5～10mm。然后用刮尺紧贴灰饼左上右下反复地搓刮，直至灰条与灰饼齐平为止，再将两侧修成斜面，以便与抹灰层结合牢固。至于应连续抹几条灰埂合适，主要根据墙面的吸水程度而定。

当层高大于 3.5m 时，应有两人在架子上下协调操作。当灰埂抹好后，两个人各执长刮杠的一端搓平。操作时，要随时注意木杠受潮变形，并随时调整，以防产生因冲筋不平造成墙面抹灰不平的质量问题。

8. 抹底灰

抹底灰的操作包括装档、刮杠、搓平等工序，底灰装档要分层进行。当标筋完成 2h 后，达到一定强度（即标筋砂浆七八成干时），就要进行底层砂浆抹灰。底层抹灰要薄，使砂浆牢固地嵌入砖缝内。一般应从上而下进行，在两标筋之间的墙面上砂浆抹满后，即用长刮尺两头靠着标筋，从上而下进行刮灰，使抹的底层灰与标筋面略低，再用木抹子搓实，并去高补低，并使每遍厚度控制在 7～9mm。

中层砂浆抹灰，应待石灰砂浆底层灰七八成干后方可抹中层砂浆层。应先在底层灰上洒水，待其收水后，即可将中层砂浆抹上，一般应从上而下，自左向右涂抹。中层抹灰厚度以垫平标筋为准，并使其略高于标筋。

中层砂浆抹好后，即用中、短木杠按标筋刮平。使用木杠时，人站成骑马式，双手紧握木杠，均匀用力，由下往上移动，并使木杠前进方向的一边略微翘起，手腕要活。凹陷处即补抹砂浆，然后再刮，直至平整为止。紧接着要用木抹子搓磨一遍，使表面平整密实。

当层高小于 3.2m 时，一般先抹下面一步架，然后搭架子再抹上一步架。抹上一步架，可不抹标筋，而是在用木杠刮平时，紧贴下面已经抹好的砂浆上作为刮平的依据。

当层高大于 3.2m 时，一般应从上往下抹。

9. 阴、阳角找方

阴、阳角找方是指两相交墙面的阴角、阳角的抹灰方法。阴角、阳角找方要用阴角方尺检查阴角的直角度，用阳角方尺检查阳角的直角度。用线锤检查阴角或阳角的垂直度。根据直角度及垂直度的误差，确定抹灰层的厚度，并洒水湿润。

阴角抹底层灰先用抹子将底层灰抹于阴角处，后用木阴角器压住抹灰层并上下搓动。使阴角处抹灰层基本上达到直角。如靠近阴角处有已结硬的标筋，则用木阴角器沿着标筋上下搓动，基本搓平后，再用阴角抹子上下搓压，使阴角线垂直即可。

阳角抹底层灰用抹子与靠尺板将底层灰抹于阳角后，用木阳角器压住抹灰层并上下搓动，使阳角处抹灰层基本达到直角，再用阳角抹子上下抹压，使阳角线垂直（如图 3-6 所示）。

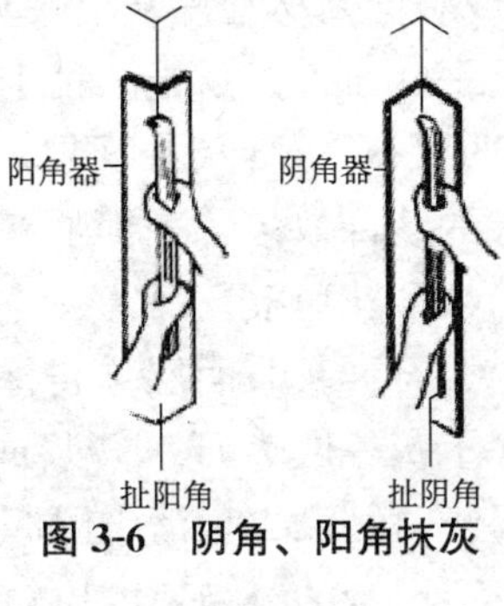

图 3-6　阴角、阳角抹灰

当阴（或阳角）底层灰凝结后，再洒水湿润，将中层抹于阴角（或阳角）处，分别用阴角（阳角）抹子上下抹压，使中层灰达到平整即可。

10. 抹罩面灰

面层抹灰俗称罩面。当底层灰七八成干时，就可抹罩面灰。在抹罩面灰之前，必须把预留孔洞、电器箱、槽、盒等处修抹好，然后才能抹罩面灰。如底层灰较干，还要洒水湿润。面层抹灰主要有以下几种：

(1) 纸筋灰、麻刀灰面层。纸筋、麻刀纤维材料掺入石灰膏，主要起拉结作用，使其不易开裂、脱落，增强面层灰的耐久性。罩面时应把踢脚、墙裙上口和门口护脚线等用水泥砂浆打底的部位，用水灰比小一些的罩面灰先抹一遍，因为这些部位吸水较慢。罩面应分两遍完成，第一遍竖抹，要从左上角开始，从左到右依次抹，直抹到右边阴角完成，再转入下一步。两人配合效果较好，第一遍一人竖向薄抹一层，用铁抹子或塑料抹子均可。一般要把抹子放陡些，厚度约1mm，每相邻两抹子的接槎要刮严，要使纸筋灰与中层表面紧密结合，随后另一人横向抹第二遍，并随手压平溜光，然后用排笔或毛刷蘸水横向刷一遍，边刷边用钢抹子再压实抹平，抹光一次，使表面更为细腻光滑，色泽一致。阴阳角抹完罩面灰后，分别用阴阳角抹子捋光。要求纸筋灰罩面压实后的厚度应不得大于2mm，麻刀灰罩面压实后的厚度不得大于3mm。如果抹厚了，面层易产生收缩裂缝，影响工程质量。麻刀灰面层的操作要点与纸筋灰面层基本相同。但麻刀与纸筋纤维的粗细差别较大，为此，在操作时，一人用铁抹子将麻刀灰横向（或竖向）抹在底灰上，另一人紧接着用钢抹子自左向右将面层灰赶平、压实、捋光。稍干后，再用钢抹子将面层压光一遍。

(2) 石膏灰浆面层。石膏灰浆面层是高级抹灰做法，具有良好的装饰效果，表面质量要求平整、光滑、洁白、色泽一致，无抹纹和花斑痕。

石膏灰浆面层不得涂抹在水泥砂浆或水泥混合砂浆层上，其底子灰一般为石灰砂浆或麻刀石灰砂浆，并要求充分干燥，抹面层灰时宜洒少量清水湿润底灰表面，以便将石膏灰浆涂抹均匀。

石膏的凝结速度比较快，初凝时间一般为3～6min，终凝时间不大于30min，所以在抹石膏灰墙面时，在石膏浆内要掺入一定量的石灰膏或硼砂缓凝剂等，以使其缓凝，利于操作。

操作时以四人为一操作小组，一人拌浆，两人操作，全部操作过程应在20～30min内完成。

抹灰时，一般从左至右，抹子应竖向顺着抹，压光时抹子也要顺直。一人先薄薄地抹一遍，使石膏灰浆与中层表面紧密结合，第二人紧跟着抹第二遍，并随手将石膏灰浆赶平，第三人紧跟后面压光。先压两遍，最后边洒水边用钢抹子赶平压光。经赶平压实后的厚度不得大于 2mm。如墙面较高，应上下同时操作，以免出现接槎。如出现接槎，应等凝固后用刨子刨平。

（3）水砂石浆面。水砂石灰浆面层表面光滑、耐潮。其特点是凉爽、干燥，适用于高级抹灰的内墙面抹灰。水砂含盐，所以在拌制灰浆时，要用生块石灰现场淋浆，热浆搅拌，以便使水砂中的盐分得到稀释。灰浆要一次拌制，充分熟化一周以上方可使用。

水砂石灰浆面层的底子灰，应用石灰砂浆或麻刀石灰砂浆。底子灰的表面应密实、平整，待底子灰干燥一致后，方可涂抹水砂石灰浆面层，否则将使面层颜色不均。操作前须将门窗及玻璃安好。防止面层水分蒸发过快产生龟裂。

操作时，底子灰要洒水湿润。一般两人为一组，一人用硬质木抹子竖向薄薄抹一遍，紧跟着仍用木抹子横向抹第二遍，并随手将砂浆赶平，另一人紧跟其后，用钢抹子竖向压光，连压两遍。待面层收水七成干时，一边用刷子洒水，一边用钢抹子竖向压，直至表面密实光滑为止。总厚度为 2～3mm，阴阳角处用阴阳抹子捋光。如果墙面较高，则应上下同时操作，使其表面不显接槎。

3.3.4　室内墙面抹灰质量通病与防治

1. 墙面基层抹灰处出现空鼓和裂缝

（1）主要原因：

1）墙与门窗框交接处塞缝不严；

2）踢脚板与上面石灰砂浆抹灰处出现裂缝；

3）基层处理不当，造成抹灰层与基层黏结不牢。

（2）防治措施：

1）墙与门窗框交接可用水泥石灰加麻的砂浆塞严，再用抹灰的方法防治连接处裂缝问题；

2）在踢脚板上口宜先做踢脚板，后抹墙面方法，特别注意不能把水泥砂浆抹在石灰砂浆上面；

3）抹灰前基层表面的尘土、污垢、油等应清除干净，并应洒水湿润。一般应浇两遍水。

2. 抹灰面层起泡、有抹纹、开花

（1）主要原因：

1）抹完罩面灰后，压光跟得太紧，灰浆没有收水，故产生起泡；

2）底层灰太干燥、没有浇水，压光容易起抹纹；

3）石灰膏陈伏期太短，过火灰颗粒未熟化，抹后体积膨胀，出现爆裂、开花现象。

（2）防治措施：

1）用水泥砂浆和水泥混合砂浆抹灰时，应待前一抹灰层凝结后，方可抹后一层；用石灰砂浆抹灰时，应待前一抹灰层七八成干后方可抹后一层；

2）底层灰抹完后，要在干燥后洒水湿润再抹面层；

3）罩面石灰膏熟化期应不小于 7d（过 3mm 筛网），使过火颗粒充分熟化。

3. 抹灰面层不平、阴阳角不垂直、踢脚板上口与墙厚不一致

（1）主要原因：

1）抹灰前找规矩抹灰饼不严格、不认真；

2）踢脚板抹灰厚度与墙面冲筋厚度不一致；

3）阴阳角处冲筋位置不对，没拉线找直、找方。

（2）防治措施：

1）抹灰前挂线、做灰饼、冲筋要认真严格按操作工艺要求做；

2）踢脚板与墙面一起拉线，找直找、方正；

3）在阴角、阳角要用方尺和托线板找方、找平直，要使砂浆稠度小一些，阴阳角器上下拉动直到平改为止。

3.4 室内地面抹灰

建筑物地面面层铺设目前分为整体面层铺设与板块面层铺设

两种施工方法。在地面整体面层中，首先就是水泥混凝土面层即细石混凝土地面层。其特点是耐磨、耐压和抗震性比较好，所以主要是应用在工业厂房地面和仓储建筑物的地面以及露天的停车场地面等。其做法是在现浇结构层上直接做 40～50mm 厚细石混凝土即随铺随捣随抹的施工工艺做法。

3.4.1　细石混凝土地面

1. 施工准备

（1）材料。

1）水泥宜选用普通硅酸盐水泥或硅酸盐水泥，其强度等级不小于 32.5 级。要求对水泥的凝结时间、体积安定性和强度进行复验并符合要求后，方可使用。

2）石子其最大粒径不大于面层厚度的 2/3。并且不应大于 15mm，含泥小于 2%。

3）砂宜选用中砂，含泥量不大于 3%。

（2）工具与机具。操作需要混凝土搅拌机、平板振捣器、手推车、2m 靠尺、水桶、铁滚子、平锹、铁抹子、木抹子、钢丝刷等。

（3）作业条件。地面标高已测定完毕。地面各种管线已埋好，门下槛收口已安装，门框已立好。室内有地漏已找泛水，墙身已测＋500mm 水平线。

2. 施工工艺

基层处理→弹线、抹灰饼、标筋→浇捣细石混凝土→抹面、压光→养护

3. 操作要点

（1）基层处理。垫层应具有粗糙、洁净和潮湿的表面。其抗压强度不应小于 1.2MPa，并不得积水。其处理方法是将垫层的基层上的灰尘扫掉，用钢丝刷刷净灰浆皮和灰渣层。用 10%的火碱水溶液刷掉基层上的油污，并用清水及时将碱液冲净。表面比较光滑的基层，应进行凿毛，清水冲洗后的基层不要再上人。

（2）弹线、抹灰饼、标筋。应先在四周墙上弹上一道水平基

准线，或在地坪上钉木楔，测出标高标准线，作为测定混凝土面层标高的依据。一般是以地面±0.00标高及墙体+500mm线为依据，弹出细石混凝土面层厚度的墨线。

根据水平基准线，在四周墙角处每隔1.5～2m，用1∶2水泥砂浆抹灰饼，并以灰饼的高度做出纵横方向的标筋，宽为80～100mm，标筋高度即为面层厚度。

（3）浇捣细石混凝土。要求细石混凝土的强度等级不小于C20，坍落度不宜大于30mm。在铺抹前，先在垫层刷一道水灰比为0.4～0.5的素水泥浆作为界面处理剂。可以随刷随铺设细石混凝土，紧接着用2m长刮杠顺着标筋刮平，然后用滚筒或平板振动器往返滚动振平，直到面层泛浆，出现泌水现象后，撒一层干拌水泥砂（水泥∶砂=1∶1）拌合料，厚约5mm，待干灰吸水湿透后，用刮尺刮平，随即用木抹子搓平。铺设方向应由里面向门口，并应比门框锯口线低3～4mm。

（4）抹面、压光。在木抹子搓平的基础上，紧接着用铁抹子将面层的凹坑、砂眼和脚印压平、压光，待第一遍压光吸水后，再用铁抹子按先里后外的顺序进行第二遍压光。第三遍压光应在水泥终凝前完成。压光后应使其表面色泽一致，光滑无抹子印迹。表面平整度用2m靠尺和楔形塞尺检查，不得大于5mm。

（5）养护。面层抹压完24h后，应进行浇水养护，每天不少于2次，养护时间不应少于7d。当抗压强度应达到5MPa后，方可上人行走，抗压强度应达到设计要求后，方可正常使用。

3.4.2 水泥砂浆地面

室内地面水泥砂浆抹灰工艺做法，也是一种传统的整体地面面层典型做法。由于它具有造价低、使用耐久，施工操作简便等优点，应用相当广泛，抹灰工应作为抹灰工艺基本技能而熟练掌握。

1. 施工准备

（1）材料准备。水泥采用硅酸盐水泥、普通硅酸盐水泥，其强度等级不应小于32.5级，不同品种、不同强度等级的水泥严禁混用；砂应为中粗砂，当采用石屑时，其粒径应为1～5mm，且含泥量不应大于3%。

（2）工具和机具准备。操作时需要砂浆搅拌机、手推车、木杠、木抹子、铁抹子、铁锹、水桶、长把刷子、铁丝刷、粉线包等。

（3）作业条件。施工前管洞已堵实，有地漏的房间已找好泛水，地面四周墙身+50mm线已经弹好，且门框已立好。正式操作前，再一次核查找正和高差是否标明、正确。

2. 施工工艺

基层处理→弹线、找标高→洒水湿润→抹灰饼和标筋→搅拌砂浆→刷水泥砂浆结合层→铺水泥砂浆面层→搓平、压光→养护

3. 操作要点

（1）基层处理。要求垫层基层的抗压强度不得小于1.2MPa，表面应粗糙、洁净、湿润并不得有积水。一切浮灰、油渍、杂质必须分别清除干净。其方法为先将基层上的灰尘扫掉，用钢丝刷刷净灰浆皮和灰渣层。用10%的火碱水溶液刷掉基层上的油污，并用清水及时将碱水冲净，表面比较光滑的基层要凿毛，用清水冲干净后基层不要再上人。

（2）弹线、找标高。应先在四周墙上弹上一道水平基准线，作为确定水泥砂浆面层标高的依据。水平基线是以地面±0.00标高及楼层砌墙前的抄平点为依据，一般可根据情况，弹在标高+500mm的墙上。弹准线时，要注意按设计要求的水泥砂浆面层厚度弹线。水泥砂浆面层的厚度应符合设计要求，且不应小于20mm。

（3）洒水湿润。一般应提前一天用喷壶将地面基层均匀洒水一遍。

（4）抹灰饼和标筋。根据水平基准线，把地面面层上皮的水平基准线弹出。面积不大的房间，可根据水平基准线直接用长木杠抹标筋，施工中进行几次复尺即可。面积较大的房间，应根据水平基准线，在四周墙角处每隔1.5～2.0m用1∶2水泥砂浆抹标志块（灰饼）。大小一般是80～100mm见方。待灰饼结硬后，再以灰饼的高度做出纵横方向通长的标筋，以控制面层的厚度。标

筋仍用 1∶2 水泥砂浆制作，宽度一般为 8～10mm，标筋的高度即为控制水泥砂浆面层抹灰厚度，并应与门框的锯口线吻合（如图 3-7 所示）。

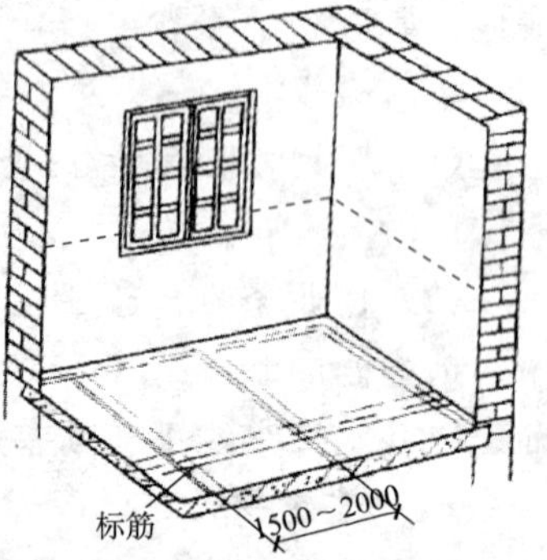

图 3-7　地面抹灰前做标筋示意图

（5）搅拌砂浆。面层水泥砂浆的体积比应为 1∶2，强度等级不应小于 M15，稠度不大于 35mm。要求拌和均匀、颜色一致。

（6）刷水泥砂浆结合层。即涂刷水泥素浆一遍，其水灰比为 0.1～0.5，并应在铺设水泥砂浆之前，随着刷水泥浆即开始铺面层砂浆，不要刷得太早或过大，否则起不到使基层与面层黏结的作用。

（7）铺设水泥砂浆面层。在涂刷水泥浆后，紧跟着铺水泥砂浆，在标筋之间将砂浆铺均匀，然后用木刮杠按标筋高度刮平。操作时，由里向外，在两条标筋之间由前往后摊铺砂浆。灰浆经摊铺、木刮扛刮平后，同时将利用过的标筋敲掉，并用砂浆填平，最后从房间里面刮到门口，并与门框锯口线标高等同。

（8）搓平、压光。地面水泥砂浆用木杠刮平后，即用木抹子搓平，从内向外退着操作，并随时用 2m 靠尺检查其平整度。木抹子搓平后，用铁抹子压第一遍，直至出浆为止，即称为第一遍的压光。该工序应在表面初步收水后，水泥初凝前完成。此时的找平工作应在水泥初凝前完成。待表面的水分已经下去时，人踩上去有脚印，但不向下落陷时，用铁抹子压第二遍，边抹压边把坑凹处填平、压实，要求不漏压，达到表面压平、压光。有分格要求的地面第一遍压光后，应用劈缝溜子开缝，并用溜子将分格缝内压平、溜直。在第二遍压光后，进一步应用溜子溜压，做到缝边光直、缝隙清晰，缝内光滑顺直。在水泥砂浆终凝前进行第三遍压光，要求用铁抹子抹完后不再有抹纹。面层全部抹纹要压平、压实、压光。此项工作必须在水泥砂浆终凝前完成。

水泥砂浆地面面层压光要三遍成活。这就要求每遍抹压的时间要掌握得当。由于普通硅酸盐水泥的终凝时间不大于2h，因此，地面层压光过迟或提前都会影响抹灰的质量。

（9）养护。水泥砂浆面层抹压后，应在常温湿润条件下养护。养护要适时，如浇水过早易起皮，浇水过晚则会使面层强度降低而加剧其干缩和开裂倾向。一般在夏天24h后养护，春秋季节应在48h后养护。养护时间不应少于7d。抗压强度应达到5MPa后，方准上人行走；抗压强度应达到设计要求后，方可正常使用。

4. 水泥砂浆地面抹灰的通病与防治

（1）地面起砂、起粉。

1）主要原因：

①水泥砂浆拌合物的水灰比过大；

②不了解或错过了水泥的初凝时间，致使压光时间过早或过迟；

③养护措施不当，养护开始时间过早或养护天数不够；

④地面尚未达到规定的强度，过早上人；

⑤原材料不合要求，水泥品种选择错误或强度等级不够，或受潮失效等，还有砂子粒径过细，含泥量超标；

⑥冬期施工，没有采取防冻措施，使水泥砂浆早期受冻。

2）防治措施：

①严格控制水灰比；

②掌握水泥的初、终凝时间，把握压光时机；

③遵守洒水养护的措施和养护时间；

④建立制度、安排好施工流向，避免地面过早上人。

⑤冬期采取技术措施，是要使砂浆在常温下达到临界强度；

⑥正确选择水泥的品种，严格进场材料检查，并对水泥的凝结时间和安定性进行复验，强调砂子应为中砂，含泥量不大于3%。

（2）地面空鼓、裂缝。

1）主要原因：

①基层清理不干净，仍有浮灰、浆膜或其他污物；

②基层浇水不足、过于干燥；

③结合层涂刷过早，早已风干硬结；

④基层不平，造成局部砂浆厚薄不均，收缩不一。

2）防止地面空鼓、裂缝的措施。

①基层处理经过严格检查方可开始下一道工序；

②结合层水泥浆应随涂随铺砂浆；

③保证垫层平整度和铺抹砂浆的厚度均匀。

3.5 室外一般抹灰

室外一般抹灰主要是指在室外砖墙和混凝土外墙板（包括加气混凝土砌块墙面）的基层上抹水泥砂浆和水泥混合砂浆的抹灰工艺。

3.5.1 施工准备

1. 材料与砂浆配制

（1）水泥：宜选用普通硅酸盐水泥和硅酸盐水泥，强度等级大于32.5级，选同一批号，避免颜色不一，并应对水泥的凝结时间和安定性复验。

（2）砂：宜选用中砂，含泥量不大于3%，底层用砂需过5mm方孔筛，面层需过3mm方孔筛。

（3）石灰膏：陈伏时间一般不少于3d，用于罩面不应少于7d，使用时不得含有未熟化颗粒和其他杂物。

（4）砂浆：砖砌外墙常用水泥混合砂浆（水泥∶石灰∶砂＝1∶0.3∶3）打底和罩面；混凝土外墙底层用1∶3的水泥砂浆，面层采用1∶2.5水泥砂浆。

2. 工具与机具

室外抹灰的工具与机具准备同室内抹灰。

3. 作业条件

室外抹灰前，结构工程已验收合格。预埋件已安装完毕，预留孔洞提前堵塞严实，外墙架子已搭设并通过安全检查，墙大角和两个面及阳台两侧已用经纬仪打出基准线，作为抹灰打底的依据。

3.5.2 施工工艺

基层处理→找规矩、做灰饼→冲筋、抹阳角灰→粘分格条→抹外墙灰→起分格条、养护

3.5.3 操作要点

1. 基层处理

砖墙基层应先划砖缝，以利黏结，并清除基层表面尘土、污垢、油渍等，并要浇水湿润，浇水量以浸入砖墙8～10mm为宜。

混凝土基层应用10%的火碱水清除残留的隔离剂、污垢、油渍等，后用清水冲洗干净；对凹凸不平处，用1∶3水泥砂浆抹平或剔平突出部位。对于光滑的混凝土基层，可采用凿毛和"毛化"两种方法处理；最后结合层采用素水泥浆（水灰比为0.4～0.5）刮抹。

2. 找规矩、做灰饼

外墙抹灰与内墙找规矩有所不同，在建筑物外墙的四大角先抹好由上而下的垂直通线，门窗口角、垛都要吊垂直。其方法是采用缺口木板来做上下两边的灰饼，规方后要挂竖线在两侧做若干灰饼，然后再挂横线做中间的灰饼，竖向灰饼以每步架不少于1个为宜，横向灰饼以1.2～1.5m间距为宜，灰饼大小为50mm×50mm，与墙面平行、厚度约为12mm。

3. 冲筋、抹阳角灰

冲筋可在装档前，先抹出若干条标筋后再装档；也可以用专人在前冲筋，后跟人装档。冲筋厚度应与上下灰饼一致，以100mm宽为宜，并在同一垂线上。冲筋数量要以每次下班前能完成装档为准，不要做隔夜筋。

在抹底子灰过程中遇有门窗口时，可以随抹墙面一同打底子灰，也可以把距窗口一周50mm及侧面留出来先不抹，派一专人随后抹，这样施工进度比较快（门窗口角的做法可参考前边门窗护角的做法）。如有阳角，要在另一面反贴八字尺，尺棱出墙与灰

饼齐平，靠尺粘贴后要挂垂直线，吊直后依尺抹平、刮平、搓实。做完一面后反尺正贴在抹好的一面做另一面，方法相同。底层、中层灰抹完后，表面要扫毛。为了增加饰面美观，防止面积过大不便施工操作和避免面层砂浆产生收缩裂缝，一般均需设分格线，粘贴分格条。

4. 粘贴分格条

粘贴分格条是在中层抹灰完成后进行。按设计要求尺寸，弹出横向分格线和竖向分格线。竖向分格线要求用线锤吊线或经纬仪校正垂直度，横向要以水平线为依据，校正水平。分格条在使用前要放在水中泡透，既便于黏结，又能防止分格条使用时变形。另外，分格条因本身水分蒸发而收缩，也能轻易取出，又能使分格条两侧的灰口棱边整齐。根据分格线的长度将分格条尺寸分好，然后用铁皮抹子将素水泥浆抹在分格条的背面。水平分格条宜粘贴在水平线的下口，垂直分格条宜粘贴在垂直线的左侧，这样易于观察，比较方便操作。粘贴完一条竖向或横向的分格条后，应用直尺校正其平整，并将分格条两侧用水泥浆抹成呈八字形斜角（若是水平条应先抹下口）。如当天抹面层灰的分格条，两侧八字形斜角可抹成45°，如当天不抹面的隔夜条，两侧八字形斜角应抹陡些，成60°角。

5. 抹外墙灰

外墙抹灰可分为两种情形：

（1）抹水泥混合砂浆。基层为砖砌外墙或加气混凝土砌块时，常温下宜使用水泥混合砂浆。当中层抹完用刮尺刮平，待砂浆收水后，应用木抹子打磨。若打磨时面层太干，应一面洒水，一面用木抹子打磨。不要干磨，否则会造成颜色不一，使用木抹子时应将板面与墙面平贴，转动手腕，自上而下，自右而左，以圆圈形打磨，用力要均匀，使表面平整、密实。然后再顺向打磨，上下抽拉，轻重一致，使抹纹顺直，色泽均匀。

当分格条贴好后，就可抹面层砂浆，配合比为1∶1∶5的混合砂浆，应分两遍抹成，在砂浆抹灰与分格条平齐后，用木杠将面层刮平后，木抹子搓毛，铁抹子压光，待表面无明水后，用刷子蘸水按垂直于地面方向轻刷一遍，使其表层颜色均匀一致。

（2）抹水泥砂浆。基层为混凝土墙或砖砌外墙时，北方地区施工常采用水泥砂浆。抹底层砂浆（1∶3）时，必须把砂浆压入灰缝内，并用木杠刮平，木抹子搓实，然后用扫帚在底层上扫毛，并浇水养护。抹面层灰时，要观察底层灰的干硬程度，面层抹灰应待底中层灰凝结后进行。过干时可先洒一遍水，后刮一道素水泥浆做黏结层，紧跟着抹面层1∶2.5的水泥砂浆两遍，抹至与分格条齐平，然后按分格条厚度刮平、搓密实，并将分格条表面的余灰清除干净，以免起条时因表面余灰与墙面砂浆黏结而损坏墙面。当天贴的分格条，在面层完成后即可取出。

6. 起分格条、养护

起分格条一般由条子的端头开始。用抹子把轻轻敲动，条子即自动弹出。如起条有困难时，可在条子端头钉一小钉，轻轻地将其向外拉出。隔夜条不宜当时取条，应在罩面层达到一定强度之后再取。条子取出后分格线处用水泥砂浆勾缝。分格线不得有错缝、掉棱和缺角，其缝宽和深浅应均匀一致。罩面层成活24h后，要浇水养护7d以上。

3.5.4　外墙抹灰质量通病及防治

1. 抹灰层产生空鼓、裂缝

（1）产生原因：

1）基层处理不好，清扫不干净，基底浇水不透；

2）一次抹灰太厚或各层抹灰层跟得太紧；

3）砂浆失水过快，浇水养护时间不够；

（2）防治措施：

1）抹灰前，认真进行基层处理，并提前浇水、浇透；

2）坚持每遍厚度宜为5～7mm，并应待前一水泥砂浆层凝结后方可抹后一层。设置分格缝，防止收缩开裂；

3）夏日避免日光暴晒下进行抹灰。罩面成活后第二天浇水养护，并坚持 7d 以上。

2. 抹灰层接搓有明显抹纹和色泽不匀

（1）产生原因：

1）抹灰层墙面没有分格或间距过大，抹灰留槎位置不正确；

2）罩面灰压光操作不当，底层浇水不均；

3）原材料不一致，没有统一配料。

（2）防治措施：

1）接槎位置应留在分格条处或阳角、落水管处；

2）用木抹子搓面时，要做到轻重一致，圆圈形搓抹，上下抽拉，方向一致。

3. 抹灰面分格缝产生不直不平、缺棱错缝

（1）产生原因：

1）没有统一弹水平和竖直分格线；

2）木分格条浸水不透；

3）起分格条操作不当。

（2）防治措施：

1）短向分格缝，统一找标高，拉通线弹水平线，保证平整度；竖向分格缝，统一吊线分块；

2）分格条要在水中浸泡、泡透；水平分格条应粘贴在水平线上口，竖向分格条应粘贴在垂直线右侧。面层压光时，应清刷在分格条上的余灰，以免起条时损坏墙面。

3.6 室内外细部一般抹灰

室内外细部部位主要指踢脚板、墙裙、勒脚、窗台、窗楣、突出腰线、压顶、檐口、雨篷、门窗套、梁、柱、阳台、楼梯、台阶、坡道、散水等。它们的一般抹灰主要使用水泥砂浆、水泥混合砂浆。

3.6.1 外墙勒脚抹灰

外墙勒脚一般采用 1∶3 水泥砂浆抹底层和中层，用 1∶2 或

1∶2.5水泥砂浆抹面层。无设计规定时，勒脚一般在底层窗台以下，厚度一般比墙面厚50～60mm。

首先根据墙面水平基线用墨线或粉线包弹出高度尺寸水平线，定出勒脚的高度，并根据墙面抹灰的大致厚度，决定勒脚的厚度。凡阳角处，需用方尺规方，最好将阳角处弹上直角线。

规矩找好后，将墙面刮刷干净，充分浇水湿润，按已弹好的水平线，将八字靠尺黏嵌在上口，靠尺板表面正好是勒脚的抹灰面。抹完底层、中层灰后，先用木抹子搓平，扫毛、浇水养护；待底层、中层水泥砂浆凝结后，再进行面层抹灰，采用1∶2水泥砂浆抹面，先薄薄刮一层，再抹第二遍时与八字靠尺抹平。拿掉八字靠尺板，用小阳角抹蘸上水泥浆捋光上口，随后用抹子整个压光即成活。

3.6.2 外窗台抹灰

窗台按其位置分为外窗台和内窗台；按装修形式分为清水窗台和混水窗台。清水窗台采用侧立砖斜砌，然后用1∶1水泥细砂浆勾缝。混水窗台采用砖平砌，后用水泥砂浆抹灰的形式。

1. 抹灰形式

为了有利于排水，外窗台应做出坡度。抹灰的混水窗台往往用丁砖平砌一皮的砌法，平砌砖低于窗下槛一皮砖。一种窗台突出外墙60mm，两端伸入窗间墙60mm，然后抹灰［如图3-8（a）、图3-8（b）所示］。另一种是不出砖檐，而是抹出坡檐［如图3-8（c）所示］。

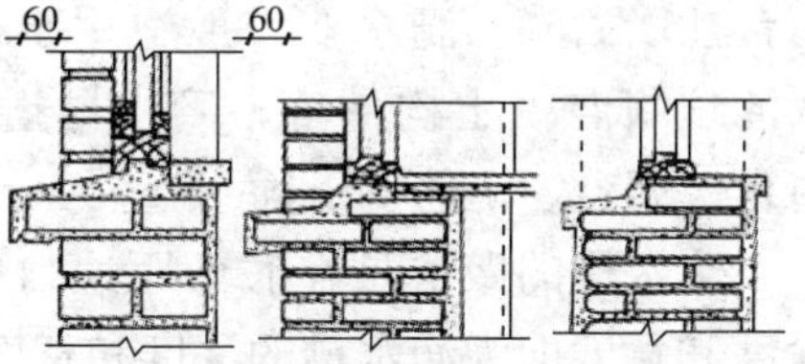

(a)、(b)突出窗台抹灰法　　(c)坡檐抹灰法

图3-8 外窗台抹灰

2. 找规矩

抹灰前，要先检查窗台的平整度，以及与左右上下相邻窗台的关系，即高度与进出是否一致；窗台与窗框下槛的距离是否满足要求（一般为40～50mm），发现问题要及时调整或在抹灰时进

行修正。再将基层表面清理干净、洒水湿润，并用水泥砂浆将窗台下槛的间隙填满嵌实。抹灰时，应将砂浆嵌入窗下槛的凹槽内，特别是窗框的两个下角处。处理不好容易造成窗台渗水。

3. 操作要点

外窗台一般采用1∶2.5水泥砂浆做底层灰，1∶2水泥砂浆罩面。窗台抹灰操作难度大，因为一个窗台有五个面，八个角，一条凹档，一条滴水线或滴水槽，其抹灰质量要求表面应平整光洁，棱角清晰，与相邻窗台要高度一致。横竖都要成一条线，排水流畅，不渗水，不湿墙。

窗台抹灰时，应先打底灰，厚度为10mm，其顺序是先立面、后平面，再底面，最后侧面。抹时先用钢筋夹头将八字靠尺卡住。上灰后用木抹子搓平，虽是底层，但也要求棱角清晰，为罩面创条件。第二天再罩面，罩面用1∶2水泥砂浆，厚度为5～8mm，根据砂浆的稠度，可连续抹几个窗台，再搓平压光。后用阳角抹子捋光，在窗下槛处用圆阴角抹子捋光，以免下雨时向室内渗水。

4. 滴水槽、滴水线

外窗台抹灰在底面一般都做滴水槽或滴水线，以阻止雨水沿窗台往墙面淌。滴水线一般适用于镶贴饰面砖和不抹灰或不满抹灰的预制混凝土构件等；滴水槽适用于有抹灰的部位，如窗楣、窗台、阳台、雨篷等下面。

滴水槽的做法是在底面距边口20mm处粘分格条，分格条的深度和宽度即为滴水槽的深度和宽度均不小于10mm，并要求整齐一致。抹完灰取掉即成。也可以用分格器将这部分砂浆挖掉，用抹子修正。窗台的平面应向外呈流水坡度。

滴水线的做法是将窗台下边口的抹灰直角改为锐角，并将角部位下伸约10mm，形成滴水。

3.6.3 门窗套口

门窗套口是在建筑物的立面上起装饰作用，它有两种形式：一种为在门窗口的一周用砖或其他材料挑砌60mm的线型；另一种为不挑砖檐，抹灰时用水泥砂浆分层在窗口两侧及窗楣处往大墙面抹出 40～60mm 宽的灰层，突出墙面 5～10mm，形成套口。

门窗套口抹灰施工前要拉通线，把同层的套口做到挑出墙面应一致，在一个水平线上。套口上脸及窗台的底部作好滴水，出檐上脸顶与窗台上小面抹泛水坡。出檐的门窗套口一般先抹两侧的立膀，再抹上脸，最后抹下窗台。涂抹时正面打灰反粘尺，先完成侧面或底面，而后平移靠尺把另一侧或上面抹好，然后在已抹完的两个面上正卡八字尺，将套口正立面抹光。

不出檐的套口，首先在阳角正面上反粘靠尺把侧面抹好，上脸先把底面抹上，窗台把台面抹好，翻尺正贴里侧，把正面套口一周的灰层抹成。灰层的外棱角用先粘尺或先抹后切割法来完成套口抹灰。

3.6.4　檐口抹灰

檐口抹灰通常采用水泥砂浆。又由于檐口结构一般是钢筋混凝土板并突出墙面，又多是通长布置的。施工时通过拉通线用眼穿的方法，决定其抹灰的厚度。发现檐口结构本身里进外出，应首先进行剔凿、填补等修整工作，以保证抹灰层的平整顺直。然后对基层进行处理，清扫、冲洗板底粘有的砂、土、污垢、油渍后，再采用钢丝刷子认真清刷，使之露出洁净的基层，加强检查后，视基层的干湿程度浇水湿润。

檐口边沿抹灰与外窗台相似，上面设流水坡，外高里低，将水排入檐沟，檐下（小顶棚的外口处）粘贴米厘条作滴水槽，槽宽、槽深不小于 10mm。抹外口时，施工工艺顺序是先粘尺作檐口的立面，再去做平面，最后做檐底小顶棚，这种做法的优点是不显接槎。檐底小顶棚操作方法同室内顶棚抹灰。

3.6.5　腰线抹灰

腰线是沿房屋外墙的水平方向，经砌筑突出墙面的线型，用以增加建筑物的美观。构造上有单层，双层、多层檐，腰线与窗楣、窗台连通为一线，称为上脸腰线或窗台腰线。

腰线抹灰方法基本同檐口。抹灰前应将基层进行清扫，洒水湿润，基底不平者，用 1∶2 水泥砂浆分层修补，凹凸处应剔平。腰线抹灰先用 1∶3 水泥砂浆打底，1∶2.5 水泥砂浆罩面。施工时应拉通线。成活要求表面平整、棱角清晰。涂抹时先在正立面打灰反粘八字尺，把下底灰抹成。而后上推靠尺把上顶面抹好，将上、下两个面正贴八字尺，用钢筋卡卡牢、拉线再进行调整，调直后将正立面抹完，经修理压光，拆掉靠尺，修理棱角，通压一遍后交活。腰线上小面做成里高外低泛水坡，下小面在底子灰上粘米厘条做成滴水槽；多道砖檐的腰线，要从上向下逐道进行，一般抹每道檐时，都在正立面打灰粘尺，把小面做好后，小面上贴八字尺，把腰线正立面抹完，整修棱角、面层压光均同单层腰线抹灰的方法。

3.6.6 雨篷抹灰

雨篷也是突出墙面的预制或现浇的钢筋混凝土板。在一幢建筑物上，往往相邻有若干个雨篷，抹灰以前要拉通线作灰饼，使每个雨篷都在一条直线上。对每个雨篷本身也应找方、找规矩。在抹灰前，首先将基层清理干净，凹凸处用錾子剔平或用水泥砂浆抹平。有油渍之处要用掺有 10%的火碱水清洗后，用清水刷净，在雨篷的正立面和底面，用掺 15%乳胶的水泥乳胶浆刮 1mm 左右厚的结合层，随后用 1∶2.5 细砂浆刮抹 2mm 厚；隔天用 1∶3 水泥砂浆打底。底面（雨篷小顶棚）打底前，要首先把顶面的小地面抹好，方法与水泥地面的操作相同。大雨篷要设标筋，依标筋铺灰、刮平、搓实、压光。要在雨篷上面的墙根处抹 200～500mm 的勒脚，防止水侵蚀墙体。正式打底灰时，在正立面下部邻近阳角处打灰反粘八字尺，在侧立面下部邻近阳角处也同样打灰粘尺，这三个面粘尺的下尺棱边在一个平面上，不得扭翘。然后把底面用 1∶3 水泥砂浆抹上，抹时从立面的尺边和靠墙一面门口阴角开始，抹出四角的四条筋来，再去抹中间的大面灰。方法同混凝土顶棚，抹完用软尺刮平，木抹子搓平，取下靠尺，从立面的上部和里边的小立面上用卡子反卡八字尺，用抹檐口的方法把上顶小面抹完（外高里低，形成泛水坡）。第二天养护，隔天罩面抹灰。罩面前弹线粘米厘条，而后粘尺把底檐和上顶小面抹好。再在上、下面卡八字尺把立面抹好，罩面灰修理、压光后，将米厘条起出并立即进行勾缝，阴角部分做成圆弧形。最后将雨篷底以纸筋灰分两遍罩面压光即可。

3.6.7　细部一般抹灰的质量通病及防治

细部抹灰空鼓、裂缝

（1）产生原因：

1）基层清理不干净；

2）墙面基层浇水不足，影响基层黏结力；

3）砂浆原材料质量不好，计量不准确；

4）养护时间不足。

（2）防治措施：

1）抹灰前，对基层残渣、污垢、油渍清除干净。光滑基层（混凝土）采取凿毛或“毛化”方法；

2）墙体基层凹凸面应提前剔除、抹平，并及时浇水养护；

3）严格控制砂浆原料计量，严格配合比；对水泥凝结时间和安定性进行复验；中层砂浆等级不能高于基层，以免凝结过程中产生过强的收缩应力，产生抹灰层空鼓、裂缝及脱落。

第 4 章 装饰抹灰工程

装饰抹灰是在一般抹灰的基础上发展起来的抹灰工艺。装饰抹灰采用了抹灰技术和艺术处理统一的方法如分格、分色、线条凹凸处理等，使建筑物在保持其耐久性和其他功能外，又达到美观、装饰的艺术效果。

4.1 清水墙勾缝抹灰

清水墙砌体可以是砖砌墙，也可以是石砌墙。在墙表面不作粉刷，只在砌体上作勾缝处理，这就是清水墙勾缝抹灰。勾缝不但起到了防水保温作用，还装饰了外墙面。

4.1.1 施工准备

1. 材料

(1) 水泥。宜选普通硅酸盐水泥、矿渣硅酸盐水泥、粉煤灰硅酸盐水泥。强度等级不低于 32.5 级。为了使灰缝颜色一致，要选用同品种、同强度等级和同批进场的水泥。性能质量应经复验合格。

(2) 砂。洁净的细砂，并要过窗纱筛。

(3) 粉煤灰。作为掺合料，拌和砂浆时按比例掺入。细度要求通过 4900 孔/cm^2 筛，筛余量为 11%～29%。

(4) 颜料。耐碱、耐光的矿物颜料。

2. 机具与工具

砂浆搅拌机、扁凿子、锤子、粉线袋、托灰板、长溜子、短溜子、喷壶、小铁桶、细筛、小平锹、铁板、扫帚等一般抹灰工具。

3. 作业条件

(1) 脚手眼已堵砌。材料应与原墙面相同，颜色一致。

(2) 结构工程验收合格、门窗框安装完毕。

(3) 脚手架和安全网已搭好，检查符合要求。

4.1.2 施工工艺

基层处理→开、补缝→勾缝→清扫、养护

4.1.3 操作要点

1. 基层处理

基层处理包括墙面清理和浇水湿润两项内容。墙面清理即把墙面尘土、污垢、油渍应清除干净。为防止砂浆早期脱水，在勾缝前一天将墙面浇水湿润，天气特别干燥时，勾缝前可再适量浇水，但不宜太湿。

2. 开、补缝

首先要用粉线袋弹出立缝垂直线和水平线，以弹出的粉线为依据对不合格立缝和水平缝进行开缝。砌墙砖清水墙，缝宽10mm，深度控制在10～12mm。开缝后，将缝内残灰、杂物等清除干净；料石清水墙开缝，要求缝宽达15～20mm，深度15～20mm，要求缝平整、深浅一致。

3. 勾缝

勾缝使用1∶1水泥细砂砂浆或2∶1∶3水泥∶粉煤灰∶细砂的混合砂浆。石材墙面采用水泥∶中砂＝1∶2的水泥砂浆。水泥砂浆稠度以勾缝溜子挑起不掉为宜。勾缝砂浆应随拌随用，不得使用过夜砂浆。

一般勾缝有四种形式，即平缝、斜缝、凹缝、凸缝（如图4-1所示）。

平缝操作简单，不易剥落，墙山平整，不易结垢，特别是在空斗墙勾缝时应用最普遍。如设计无特殊要求，砖墙勾缝均采用

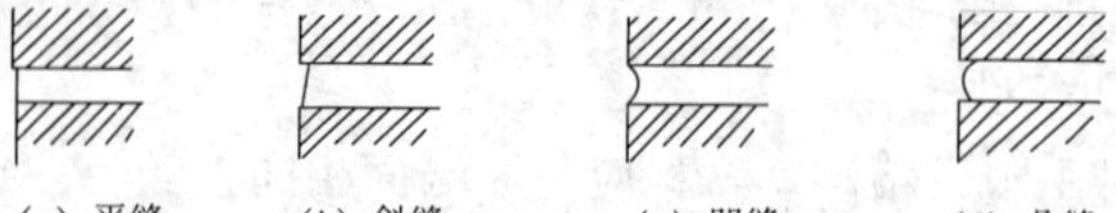

图 4-1 勾缝形式

平缝。平缝有深浅之分，深的比墙面凹进 3～5mm，采用加浆勾缝方法，多用于外墙；浅的与墙面平，采用原浆勾缝，多用于内墙。

清水砖墙勾缝也有采用凹缝的，凹缝深度一般为 4～5mm。石墙勾缝应采用凸缝或平缝，毛石墙勾缝应保持砌筑的自然缝。

勾缝时用溜子把灰挑起来填嵌，俗称“叨缝”，主要是为了防止托灰板玷污墙面，但工效太低。

喂缝方法是将托灰板顶在墙水平缝的下口，边移动托灰板，边用溜子把灰浆推入砖缝，用长溜子来回压平整。外墙一般采用喂缝方法勾成平缝。凹进墙面 3～5mm，从上而下，自右向左进行，先勾水平缝，后勾立缝。要做到阳角方正，阴角处不能上下直通和瞎缝。水平缝和竖缝要深浅一致，密实光滑，连接处平顺。要在墙面下铺板，接下落地灰拌和后再使用。

4. 清扫、养护

勾缝完毕，及时检查有无丢缝现象，特别是细部部位，如勒脚、腰线，以及过梁上第一皮以及门窗框边侧，如发现漏掉的，要及时补勾后稍干，即用扫帚清扫墙面，特别是墙面上下棱边的余灰应及时扫掉。“三分勾，七分扫”说明了清扫的重要性。全部工作完毕后，要注意加强养护，天气特别干燥时，可适当浇水，并注意成品保护。

4.2 水刷石抹灰

4.2.1 施工准备

1. 材料准备

(1) 水泥：宜选用普通硅酸盐、矿渣硅酸盐水泥以及白水泥、强度等级在 32.5 级以上。要求同批号、同厂家，并经过复验合格。

（2）砂：宜选用质地坚硬的中砂，且含泥量不大于 3%。使用前经过 5mm 筛子过筛。

（3）石渣：应洁净、坚实。按粒径、颜色分堆，粒径分为大八厘 8mm，中八厘 6mm，小八厘 4mm。如需颜料应选用耐光、耐碱的矿物颜料。

2. 机具与工具

机具与工具有砂浆搅拌机、手压泵、灰桶、灰勺、小车、铁、木抹子、木杠、靠尺、方尺、毛刷、分格条等。

3. 作业条件

（1）结构工程已验收合格，预留孔、预埋件均已处理好，门窗框已安装，缝隙已填实。

（2）满足水刷石施工的外架子已搭好，通过安全检查。

（3）大面积施工已做好样板，并已通过并由专人统一配料。

4.2.2　施工工艺

基层处理→找规矩、抹灰饼→抹底层砂浆→粘分格条→抹石渣浆→修整、压实→冲洗→起分格条

4.2.3　操作要点

1. 基层处理

基体为砖墙，则需在抹灰前将尘土、污垢及油渍清扫干净、堵好脚手眼、浇水湿润即可。若基体为混凝土墙板，必须将其表面凿毛，板面酥皮剔净，用钢丝刷将粉尘刷掉，清水冲洗，并要用火碱水将混凝土板表面油污刷净，冲洗晾干，或采用“毛化”处理方法。前面已说明过其做法。

2. 找规矩、抹灰饼

多层建筑物，可用特制的大线坠从顶层往下吊垂直、并绷紧铁丝后，按铁丝垂直度在墙的大角、门窗洞口两侧分层抹灰饼，至少保证每步架有一个灰饼。若为高层，则需用经纬仪在大角、

门窗洞口两侧打垂直线，并按线分层、每步架找规矩、抹灰饼，使横竖方向达到平整、垂直。

3. 抹底层砂浆

在墙体充分湿润的条件下首先抹灰饼冲筋，随即紧跟分层分遍抹底层砂浆，配比采用1∶0.5∶4的水泥混合砂浆打底，刮平后，用木抹子压实、找平、搓毛表面。底层灰完成后第二天，视底灰的干燥程度洒水湿润，开始抹中层灰，配合比同底层。要刮平、压实搓粗表面。

4. 粘分格条

待中层灰养护至六七成干时，即可按设计要求弹线分格，粘分格条。若设计无要求时，分格线的短边以不大于1.5m为宜，或以窗的上下口线分格，太长则影响操作。分格缝的宽度一般不少于20mm，做法与一般抹灰相同。

5. 抹石渣浆

先刮一道内掺10%的胶黏剂水泥浆（或水灰比为0.4的素水泥浆）作为结合层，随即抹面层水泥石渣浆。抹时在每一分格内从下边抹起，边抹边拍打，边揉平。操作时要避免用铁抹子前半部压浆。而应用铁抹子中间部分平压。这样接槎平整，石渣浆压实均匀，且效率高。抹完一块后用直尺检查，不平处及时补好，并把露出的石渣尖棱轻轻拍平。同一平面的面层要求一次完成，不宜留设施工缝，必须留施工缝时，应留在分格条的位置上。施工过程中，一定要随时把握面层的吸水速度，使面层抹灰控制在最佳状态。

阴角抹石渣浆一定要吊线，将用水浸湿的刨光木板条临时固定在一侧，做完以后用靠尺靠在已抹好石渣浆的一侧，再做未抹好的一侧，接头处石渣要交错，避免出现黑边。阴角可用短靠尺顺阴角轻轻拍打，使之顺直。在阴、阳角转角处应多压几遍，并用刷子蘸水刷一遍，在阳角处应向外刷，然后再压，再刷一遍，如此反复不少于三次。最后用抹子拍平，达到石渣大面朝外，排列紧密均匀。

6. 修整、压实

将已抹好的石渣面层修整拍平、压实。逐步将石粒间隙的水泥浆挤出，用水刷子蘸水将水泥浆刷去，重新修整、压实，直至反复进行三至四遍，待面层初凝，以指按无痕，用水刷子刷不掉石粒为度。

7. 冲洗、喷刷

当面层灰浆达到一定强度，对石子有较好的握裹力后，即开始冲洗、喷刷。先用刷子蘸水将石渣刷至露出灰浆约 1/3 粒径时，再用喷雾器喷刷。先将墙四周相邻部位喷湿，然后从上往下顺序喷水。喷刷要均匀，喷头离墙 10～20cm，将表面和石粒间的水泥浆冲出，最终使石渣露出约 1/2 粒径为止，达到清晰可见，均匀密布。冲阳角时应骑角喷刷，以保证棱角明晰整齐。最后用小水壶从上往下冲洗干净。如果面层错过喷刷最佳时机已开始硬结，可用 3%～5%稀盐酸溶液冲刷，然后用清水冲净。

8. 起分格条

在面层冲洗、喷刷完毕后，即可用抹子柄敲击分格条，并用小鸭嘴抹子扎入分格条上下活动，将其轻轻起出。然后用小溜子找平，用刷子刷光理直缝角，并用素灰将缝格修补平直，颜色一致。

4.2.4　白水泥水刷石

在高级装修工程中，往往采用白水泥白石渣或其他色彩石渣的水刷石，以求得更加洁白雅致的饰面效果。白水泥中一般不得掺石灰膏。但有时为改善操作条件，可以掺石膏，但掺量应不超过水泥用量的 20%，否则将影响白水泥石渣浆的强度。

白水泥水刷石的操作方法与普通水泥水刷石相同，但要保证施工工具洁净，防止污染，冲刷石渣时，水流要慢些，防止掉石渣，最后用稀草酸溶液冲洗一遍，再用清水冲净。

4.2.5　水刷石抹灰质量通病及防治

水刷石石子不均匀或脱落，饰面浑浊不清晰

（1）产生原因：

1）石渣使用前没有洗净、过筛；

2）分格条粘贴操作不当；

3）底子的干湿程度掌握不好；

4）水刷石喷刷操作不当。

（2）防治措施：

1）石渣使用前应先过筛，清水冲洗后晾干，堆放用苫布遮盖好，防止二次污染；

2）分格条使用前在水中浸透，以增加其韧性便于粘贴，保证起条时灰缝整齐和不掉石渣；

3）罩面抹灰时，掌握好底子灰的干湿程度；

4）掌握好水刷石的喷洗时间；

5）接槎处喷洗前，应先把已经完成的水刷石墙面喷湿 30cm 然后再由上往下喷洗，否则浆水容易溅污已完成的墙面。

4.3 干粘石抹灰

干粘石抹灰工艺是水刷石抹灰的代用工艺技术，有水刷石的同样效果，却比水刷石造价低，施工进度快。但不如水刷石坚固、耐久。随着黏结剂在建筑饰面抹灰中的广泛应用，在干粘石的黏结层砂浆掺入适量黏结剂，并逐渐从手工甩石粒改为机喷石，不仅使黏结层厚度比原来减小，且黏结层与基层，石渣的黏结更牢固了，从而显著提高了装饰质量的耐久性。干粘石一般多用于两层以上楼房的外墙装饰。

4.3.1 施工准备

1. 材料

基本与水刷石相同的材料准备，仅石子宜用中巴里、小巴里或两种按一定比例混用。

2. 机具与工具

除常用机具外还有 0.6～0.8MPa 的空压机、干粘石喷枪（喷石机)、木制托盘、塑料滚子、小木拍、接石筛及抹灰手工工具等。

3. 作业条件

与水刷石要求相同。

4.3.2　施工工艺

基层处理→抹底、中层砂浆→粘分格条→抹粘结层→甩石粒→拍压→养护

4.3.3　操作要点

1. 基层处理

对基层为砖墙或混凝土板墙的处理方法与水刷石基层处理方法相同。

2. 抹底、中层砂浆

基层处理合格后，如同水刷石一样要求吊线找垂直，找规矩抹灰饼冲筋后，就可以抹底层砂浆。在抹底灰前，先刷一道掺10%水重的黏结剂的素水泥浆。可以两人配合操作，一人抹素水泥浆，另一人在后抹底层砂浆。一般使用1∶3水泥砂浆，常温时也可掺石灰膏。采用水泥∶石灰膏∶砂=1∶0.5∶4的混合砂浆。第二天底层灰凝结后，再洒水湿润抹中层灰，可采用与底层灰同样配比。中层灰抹至与冲筋平，再用木杠横竖刮平，木抹子搓毛，终凝后浇水养护。

3. 粘分格条

干粘石粘分格条的目的是为了保证施工质量，以及分段、分块操作的方便。如无设计要求，分格条短边以不大于1.5m为宜，宽度视建筑物高度及体型而定，一般木制分格条宽不小于20mm为宜。也可采用玻璃条，其优点是分格呈线型，无毛边，且不起条，一次成活。嵌固玻璃条的操作方法与粘贴木条一样。分格线弹好后，将3mm厚的玻璃条，宽度按面层厚度（木条也不应超过面层厚度），用水泥浆粘于底灰上，然后抹出60°或近似弧形边，把玻璃条嵌牢，并用排笔抹掉上面的灰浆，以免污染。

4. 抹石粒黏结层

干粘石的石粒黏结层现在多采用聚合物水泥砂浆配合比为水泥：石灰膏：砂：胶黏剂＝1：1：2：0.2，其厚度根据石粒的粒径来选择。小八厘石粒抹黏结层厚度为4～5mm，如采用中八厘则为5～6mm。一般抹石粒黏结层应低于分格条1～2mm。黏结层要抹平，按分格大小一次抹一块，避免在分块内甩搓。

5. 甩石粒

黏结层抹好后，稍停即可往黏结层上甩石粒。此时黏结层砂浆的干湿度很重要。过干，石渣粘不上，过湿，砂浆会流淌。一般以手按上去有窝，但没水迹为好。甩石渣时，一手拿木拍，一手拿料盘。木拍和料盘的形式如图4-2、图4-3所示。

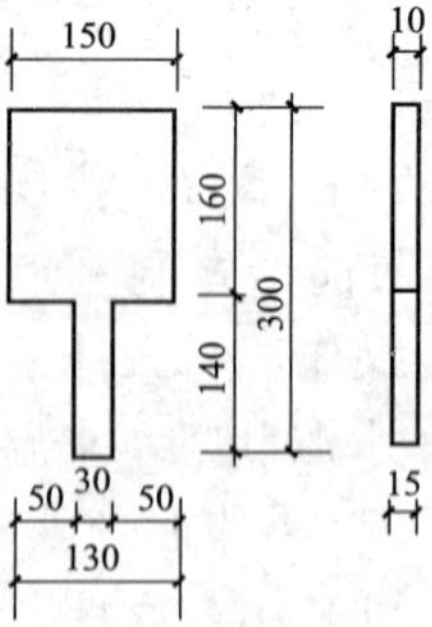

图4-2 木拍示意图

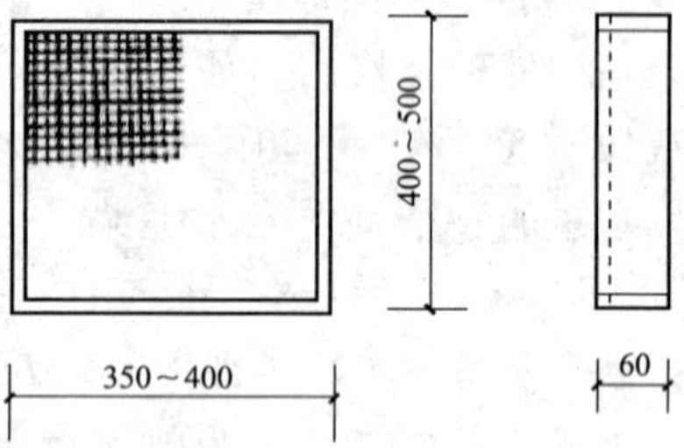

图4-3 盛料盘示意图

甩石渣时，用木拍铲料盘中的石渣，反手甩到墙面上。甩时动作要快，注意甩撒均匀，用力轻重适宜。边角处应先甩，使石渣均匀地嵌入黏结层砂浆中。如发现石渣甩得不均匀或过稀现象，可用抹子直接补粘，否则会出现死坑或裂缝。下边部分因水分大，宜最后甩。

6. 拍压

当黏结层上均匀地黏上一层石渣后，开始拍压。即用抹子或橡胶（塑料）滚子轻压赶平。使石渣嵌牢。使石渣嵌入砂浆黏结层内深度不小于1/2粒径，并同时将突出部分及下坠部分轻轻赶平。使表面平整坚实，石渣大面朝外。拍压时要注意用力适当，用力过大会把灰浆拍出来，造成翻浆糊面，影响美观；用力过小，石渣与砂浆黏结不牢，容易掉粒。并且不要反复拍打，滚压，以防泛水出浆或形成阴印。整个操作时间不应超过 45min，即初凝前完成全部操作。要求表面平整，色泽均匀，线条清晰。

对于阴角处干粘石操作应从角的两侧同时进行，否则当一侧的石渣粘上去后，在边角口的砂浆收水，另一侧的石渣就不易粘上去，形成黑边。阴角处做法与大面积施工方法相同，但要保证黏结层砂浆刮直、刮平、石渣甩上去要压平，以免两面相对时出现阴角不直或相互污染现象。

7. 养护

干粘石成活后不能马上淋水，应在 24h 后洒水养护 2～3d。未达强度标准时，要防止碰撞、触动，以免石粒脱落；干粘石墙面拍压平整，石粒饱满时，即可取出分格条，方法同水刷石墙面。

注意事项：由于甩石渣操作，未黏上墙的石渣飞溅，造成浪费。可以采取在操作面下钉木接料盘或用钢筋弯框缝制粗布做成盛料盘，紧跟墙边，接住掉粒，回收后洗净晾干后再用。

4.3.4　机喷石

采用 UBJ2.0 挤压式砂浆泵，其工作压力为 1.5MPa，喷斗的喷嘴口径为 8mm，当分格区内抹好黏结层后，应立即进行喷石渣，用喷斗从左向右，由下而上进行喷粘石渣。喷斗嘴应与墙面垂直，要求距离控制在 30～50cm，一人手持喷枪，一人不断地向喷枪的漏斗装石渣，同时可稍加水湿润，掌握好空压机的压力、气量要适当，使石渣均匀、密实、粘贴牢固。

4.3.5　干粘石抹灰质量通病和防治

1. 干粘石抹灰空鼓

(1) 产生原因：

1) 砖墙基层灰浆、泥浆等杂物未清理干净；

2) 混凝土表面基层残留的隔离剂、酥皮等未处理干净；

3）加气混凝土基层表面粉尘细灰清理不干净或表面抹灰砂浆强度过高；

4）施工前基层浇水不透。

（2）防治措施：

1）钢模生产的混凝土制品宜用10%的火碱水溶液将隔离剂清洗干净，混凝土表面的空鼓、酥皮应敲掉刷毛；

2）施工前，把各基层表面的粉尘、油渍、污垢等杂物清理干净；

3）基层表面凹凸不平超出偏差、凹处分层抹平，凸处剔平处理。

2. 干粘石抹灰面层滑坠

（1）产生原因：

1）底层灰抹得不平，凹凸相差大于5mm以上时，灰层厚处易产生滑坠。

2）拍打过分，产生翻浆或灰层收缩，产生裂缝形成滑坠；

3）雨季施工时，雨水过多，容易产生滑坠。

（2）防治措施：

1）底灰一定抹平直，凹凸误差应小于5mm；

2）根据施工季节，严格掌握好对基层的浇水量。

3. 干粘石接槎、抹痕明显

（1）产生原因：

1）面层抹灰和粘石操作衔接不及时，使石渣黏结不良；

2）分格较大，不能连续黏完一格，接槎处灰干黏不上石渣；

3）接槎处难以抹平，或新灰黏在接槎处黏不上或将接槎处石渣碰掉，都会造成明显的接槎；

4）由于黏石子的灰浆太稀，黏上石渣以后用抹子溜抹，边溜边接，形成鱼鳞抹痕。

（2）防治措施：

1）施工前，检查分格情况，制订减少接槎的措施；

2）调整好脚手架高度，避免不必要的接槎；

3）掌握好灰浆的水灰比，按照干湿程度，随黏石渣随拍平。

4.4 斩假石抹灰

斩假石是在石粒砂浆抹灰面层上用斩琢加工制成人造石材状的一种装饰抹灰。斩假石又称为剁斧石，由于其装饰效果好，一般多用于外墙面、勒脚、室外台阶、纪念性建筑物的外装饰抹灰。

4.4.1 施工准备

1. 材料

（1）水泥：宜选用普通硅酸盐水泥或白色硅酸盐水泥，强度等级小于32.5级。

（2）砂：中砂、过筛，含泥量不得大于3%。

（3）石粒：坚硬岩石（白云石、大理石等）制成，粒径采用小八厘（4mm以下）。

（4）颜料：采用耐光、耐碱的矿物颜料，其掺入量一般下大于水泥重量的5%。

2. 机具与工具

除一般抹灰的常用工具外，还有斩假石专用工具：单刃斧、多刃斧、棱点锤、錾子、线条模板、钢丝刷、扁凿等。

3. 作业条件

（1）结构工程已验收合格；

（2）做台阶时，要把门窗框立好并固定牢固；

（3）墙面施工时，应搭好脚手架，并符合安全和施工要求。

4.4.2 施工工艺

基层处理→找规矩、抹灰饼→抹底层砂浆→抹面层石粒浆→剁石→清理

4.4.3 操作要点

1. 基层处理

砖墙除要清理干净外，把脚手眼要堵好，并浇水湿润。对混

凝土墙板可进行“凿毛”和“毛化”两种处理方法。

2. 找规矩、抹灰饼

把墙面、柱面、四周大角及门窗口角，用线坠吊垂直线，然后确定灰饼的厚度，贴灰饼找直及平整度。横线以楼层为水平基线或用±0.000标高线交圈控制抹灰饼，并以灰饼为基准点冲筋，套方、找规矩，做到横平竖直、上下交圈。

3. 抹底层砂浆

在抹底层砂浆前，先将基层浇湿润，然后刷一道掺水重10%胶结剂的素水泥浆。最好两人配合操作，前面一人刷素水泥浆，另一人紧跟着用1∶3水泥砂浆按冲筋分层、分遍抹底层灰。要求第一遍厚度为5mm，抹好后用扫帚扫毛；待前一遍抹灰层凝结后，抹第二遍灰，其厚度为6～8mm，这样就完成底层和中层抹灰层，用刮杠刮平整，木抹子搓实、压平后再扫毛，墙面的阴阳角要垂直方正，待终凝后浇水养护。

台阶的底层灰也要根据踏步的宽和高垫好靠尺，分遍抹水泥砂浆（1∶3)。要刮平、搓实、抹平，使每步的宽度和高度要一致，台阶面层向外坡度为1%。

4. 抹面层石粒浆

首先按设计要求，在底子灰上进行分格、弹线，粘分格条。其方法可参照抹水泥砂浆方法。

待分格条有了一定强度后，就可以抹面层石粒浆。先满刮一遍（在分格条分区内）水灰比为0.4的素水泥浆，随即用1∶1.25的水泥石粒浆抹面层，其厚度在10mm（与分格条平齐)。然后用铁抹子横竖反复压几遍直至赶平压实，边角无空隙，随后用毛刷蘸水把表面的水泥浆刷掉，使露出的石粒均匀一致。

面层石粒浆完成24h后开始浇水养护，常温下一般养护5～7d，其强度达到5MPa，即面层产生一定强度但不太大，剁斧上去剁得动，且石粒剁不掉为宜。

5. 剁石

斩剁前要按设计要求的留边宽度进行弹线，如无设计要求，每一方格的四边要留出 20～30mm 边条，作为镜边。斩剁的纹路依设计而定。为保证剁纹垂直和平行，可在分格内画垂直线控制。或在台阶上画平行及垂直线，控制剁纹保持与边线平行。

剁石时用力要一致，垂直于大面，顺着一个方向剁，以保证剁纹均匀。一般剁石的深度以石粒剁掉 1/3 比较适宜，使剁成的假石成品美观大方。

斩剁的顺序是先上后下，由左到右进行。先剁转角和四周边缘，后剁中间墙面。转角和四周宜剁水平纹，中间墙面剁垂直纹。每剁一行应随时将上面和竖向分格条取出，并及时用水泥浆将分块内的缝隙和小孔修补平整。

斩剁完成后，应用扫帚清扫干净。

4.4.4　斩假石抹灰质量通病及防治

1. 斩假石抹灰层空鼓和裂缝

（1）产生原因：

1）基层处理不当，形成抹灰层与基层黏结不好：

2）抹灰层过厚，易产生空鼓和裂缝：

3）砂浆受冻，失去强度。

（2）防治措施：

1）控制抹灰层总厚度，超过 35mm 时，应采取加强措施；

2）重视基层处理工作，严格检查并加强养护；

3）斩假石抹灰宜安排在正温，不宜冬期施工；

2. 斩假石抹面有坑，剁纹不匀

（1）产生原因：

1）开剁时间不对，面层强度低造成坑面；

2）剁纹不规矩，操作时用力不匀或斧刃不锋利造成。

（2）防治措施：

1）掌握好开剁时间，以试剁不掉石渣为准；

2）对上岗的新工人进行培训，并做样板指导操作；

3）加强养护工作，保证养护时间。

第5章 饰面砖（板）粘贴与安装

建筑饰面的粘贴工程主要是饰面砖粘贴和饰面板安装两大工程内容。从工程位置上又分为室内和室外工程。

5.1 饰面砖粘贴

饰面砖是指用于室内或室外墙面、台面等部位，起到保护其表面，改善室内外使用条件，并可美化环境的一种建筑装饰材料，有时还作为耐酸、耐碱、耐有机介质侵蚀等作用的防护材料。

饰面砖粘贴就是把各种饰面材料镶贴于墙面，或其他部位的一种装饰施工方法。用于外墙饰面工程的外墙饰面砖包括陶瓷砖、玻璃马赛克、外墙面砖等。室内饰面砖包括墙面砖、陶瓷面砖、釉面砖等。

5.1.1 施工准备

1. 材料

（1）水泥：宜选用硅酸盐水泥或普通硅酸盐水泥，强度等级大于32.5级，水泥的凝结时间和安定性应复验合格。

（2）砂：宜选用中砂，使用前过筛。含泥量不大于3%。

（3）饰面砖、面砖：品种、规格按设计规定，应有产品合格证，并按规定的要求进行进场检验合格，用于外墙的饰面砖宜采用背面有燕尾槽的产品。

（4）矿物颜料；应使用耐碱、无机颜料。

（5）胶黏剂：使用质量合格的乳液等，严禁使用国家明令淘汰的胶黏剂。

2. 机具与工具

开刀、木锤、橡皮锤、铁铲、合金契子、硬木拍板、扁数、合金钢钻头、水平尺、方尺、托钱板、克丝钳子、线坠、墨斗、冲击钻、手电钻、切割机及抹灰工具等。

3. 作业条件

（1）阳台栏杆、预留孔洞及排水管等应处理完毕，门窗框扇等固定好，脚手眼已堵好。

（2）室内、室外都已搭好脚手架距离墙间不小于150～200mm，并满足安全和施工要求。

（3）日最低气温在0℃以上，必要时采取保温或降温措施。

（4）已做好样板，并经有关质量部门检查合格确认。

5.1.2 施工工艺

1. 内墙面釉面砖粘贴施工工艺

基层处理→找规矩、贴灰饼与冲筋→抹底层灰→选砖、排砖→弹线、贴标准点→垫底尺、粘贴瓷砖→擦缝

2. 外墙面面砖粘贴施工工艺

基层处理→挂线、贴灰饼—抹找平层→选砖、排砖→分格、弹线—粘贴面砖→勾缝—清理

5.1.3 操作要点

1. 内墙面釉面砖粘贴操作要点

（1）基层处理应符合下列规定：基层为砖砌体时，应清除表面杂物、尘土，抹灰前应洒水湿润；当基层为混凝土时，表面应凿毛或在表面洒水润湿后进行“毛化”处理（加适量胶黏剂）；若基层是加气混凝土时，应在湿润后边刷界面剂，边抹强度不大于M5的水泥混合砂浆。

（2）找规矩、贴灰饼与冲筋：根据贴面砖的设计要求和墙面的平整度，通过吊垂直、套方找规矩的方法确定灰饼的厚度，一般先贴上口灰饼，在墙面两阴角处距离100～200mm处，用底层灰砂浆抹上两个标志块灰饼，然后进行吊垂直做墙面下部对应的灰饼，待下部的标志块灰饼贴好后，以上下标志块为依据拉小线做中间的灰饼，其灰饼之间的间距为1.2～1.5m，全部灰饼贴好后，就可以将墙面底层灰的冲筋做出来了。

（3）抹底层灰：由于基层材料不一样，底子灰的材料和操作也不尽相同。

1）混凝土墙面抹底层灰：先用掺水重10%的乳液（胶黏剂）的素水泥浆薄薄地刷一道，然后紧跟前面用1∶3水泥砂浆分层抹底层灰。每层厚度控制在5～7mm，使底层砂浆与基层黏结牢固。底层砂浆抹平压实后，应将其扫毛或划毛。

2）加气混凝土抹底层灰：先刷一道掺水重20%的胶黏剂水溶液，紧跟着用1∶0.5∶4的水泥混合砂浆分层抹底灰。其厚度控制在7mm左右，进行刮平压实后扫毛或划出纹道，待终凝后浇水养护。

3）砖墙面抹底层灰：先将砖墙面浇水湿润，然后用1∶3水泥砂浆分层抹底层灰，其厚度控制在12mm左右，在刮平压实后，扫毛或划纹道，待终凝后浇水养护。

（4）叠砖、排砖：内墙瓷砖或釉面砖一般按1mm差距分类选出1～3个规格，选好后应根据房间大小计划好用料，一面墙或一间房间内尽量用同一规格的瓷砖。要求选用方正、平整、无裂纹、棱角完好、颜色均匀、表面无凹凸和扭翘等缺陷的瓷砖，不合格的不能使用。

排砖是在底层灰有六七成干时，就可以按施工图设计要求排砖，同一方向应粘贴尺寸一致的瓷砖。如果不能满足要求，应将数量较多，规格较大的瓷砖贴在下部，以便上部的瓷砖通过缝子宽窄来调整找齐。排砖要按粘贴顺序进行排列。一般由阴角开始粘贴，自下而上地进行，尽量使不成整块的瓷砖排在阴角处或次要部位。每面墙不宜有两列非整砖，并且非整砖宽度不宜小于整砖的

1/3。如遇有水池、镜框时，必须以水池、镜框为中心往两边分贴。

（5）弹线、贴标准点：待砖层排好后，应在底层砂浆上弹垂直与水平控制线。一般竖线间距为 1m 左右，横线一般根据瓷砖规格尺寸每隔 5～10 块弹一水平控制线，作为确定水平及竖向控制标志。

标准点是用废瓷砖片粘贴在底层砂浆上翘起，以棱角为粘贴瓷砖表面平整的标准点，粘贴时将砖的棱角翘起，以棱角为粘贴瓷砖的标准点。做标准点用水泥∶石灰膏∶砂＝1∶0.1∶3 水泥混合砂浆粘贴，粘贴好后，在标准点的棱角上拉直线，再在直线上拴活动的水平线，用来控制瓷砖的表面平整。做标准点时，上下用靠尺板应找好垂直，横向用靠尺板找平。

（6）垫底尺、粘贴瓷砖：根据计算好的最下一皮砖的下口标高，垫放好尺板作为第一皮砖下口的标准。底尺上皮一般比地面低 10mm 左右，以使地面压住墙面砖。底尺安放必须平稳，底尺的垫点间距应在 400mm 以内，以保证垫板牢固。

粘贴时，首先将规格一致的瓷砖清理干净，放入净水中浸泡 1h 以上，再取出后擦净水痕，阴干。然后用水泥∶石灰膏∶砂＝1∶0.1∶2.5 的混合砂浆，由下而上地进行粘贴。其方法是，垫好底尺后挂线，再在瓷砖背面满刮砂浆，其厚度在 6～8mm，紧靠底尺上皮把砖贴在墙上，使灰挤满、挤牢，上口以水平线为准，再用小铲的木把轻轻敲瓷砖，贴好底层一皮砖后，再用靠尺板横向靠平，有不平处，再用小铲把敲平，有亏灰处应取下瓷砖添灰重贴，不得在砖口处塞灰，否则会发生空鼓。在门口或阳角以及长墙每隔 2m 应先竖向贴一排砖，作为墙面垂直、平整和砖层的标准，然后按此标准向两侧挂线粘贴（如图 5-1 所示）。

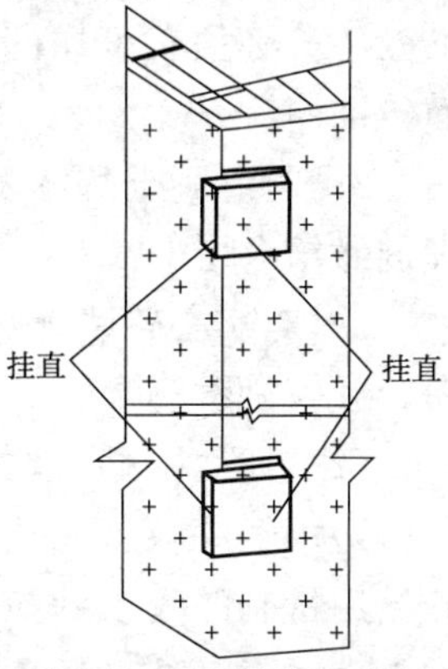

图 5-1　两面挂直示意图

瓷砖粘贴到上口必须平直成一线，上口用一面圆的瓷砖。阳角大面一侧必须用一面圆的配件砖，这一行的最上面一块必须用两圆的瓷砖。总之，无论墙裙、浴盘、水池等上口还是阴角、阳角处粘贴的瓷砖，都应使用配件砖。如墙面有孔洞，应先用瓷砖对准孔洞，上下左右划好位置，然后用裁切的切砖刀裁切，用胡桃钳钳去局部。整面墙不宜一次铺到顶，以防塌落。

(7) 擦缝：全部瓷砖粘贴完后，应自检一下是否有空鼓、不平、不直等现象，发现不符要求时应及时进行补救，然后用清水将砖面洗擦一遍，再用棉丝擦净，最后用长刷子蘸粥状白水泥素浆涂缝，再用麻布将缝子的素浆擦均匀，最后把瓷砖表面擦干净即可。在整个粘贴瓷砖工程完成之后，要采取措施防止玷污和损坏。

2. 外墙面面砖粘贴操作要点

(1) 基层处理应符合下列规定：当基体的抗拉强度小于外墙饰面砖粘贴的黏结强度时，必须进行加固处理，加固后应对粘贴样板进行强度检测。

1) 对加气混凝土、轻质砌块和轻质墙板等基体，若采用外墙饰面砖，必须有可靠的黏结质量保证措施，否则不宜采用外墙饰面砖饰面。

2) 对混凝土基体表面，应采用聚合物水泥砂浆或其他界面处理剂做结合层。

3) 对实心砖墙，对基层表面的尘土、污垢、油渍等应清除干净，并应洒水润湿。

(2) 挂线，贴灰饼：若建筑物为高层时，应在四周大角和门窗口边用经纬仪打垂直线找直，如果建筑物为多层时，可从顶层开始用特制的大线锤拉铁丝吊垂直，然后根据面砖的规格尺寸分层设点、做灰饼。墙面上每隔 1.5～2m 间距做标志块，并找准阳角方正，横线则以楼层为水平基线交圈控制，竖向线则以四周大角和通天柱或垛子为基准线控制，应全部是整砖。每层打底时则以此灰饼为基准点，进行冲筋，使底层做到横平竖直。同时要注意找好突出檐口、腰线、窗台、雨篷等饰面的流水坡度和滴水线（槽）。

(3) 抹找平层：抹找平层前应将基体表面湿润，并刷一道掺水重 10%胶黏剂（乳液）的素水浆。紧跟着分层分遍抹找平层，一般采用 1∶3 水泥砂浆，每层厚度不应大于 7mm，且应在前一层终凝后再抹第二遍，厚度为 8～12mm，总厚度不应大于 20mm，随即用木杠贴着冲筋将灰刮平，木抹子搓实、搓毛，待终凝后浇水养护。

（4）选砖、排砖：面砖应根据设计要求挑选规格一致、形状平整方正，不缺棱掉角，不开裂和脱釉，无凹凸扭曲，颜色均匀的砖块及配件。对于长宽尺寸不同的外墙面砖，可制作两个“口”形木框进行选砖，分出大、中、小三类。

根据大样图及墙面尺寸进行横竖排砖，并确定接缝宽度，要求面砖接缝的宽度不应小于 5mm，不得采用密缝，缝深不宜大于 3mm。也可采用平缝。注意大面、通天柱、垛子要排整砖，在同一墙面上的横竖排列，均不得有一行以上的非整砖，非整砖行应排在次要部位或阴角处。但要注意一致和对称。

（5）弹线、分格：外墙面砖粘贴前，应根据施工大样图统一弹线、分格。方法可采取在外墙阳角用钢丝拉垂线，根据阳角拉线。在墙面上每隔 1.5～2m 做出标志块。按大样图先弹出分层的水平线，然后弹出分格的垂直线。

离缝分格，则应按整块砖的尺寸分匀，确定分格缝（离缝）的尺寸，并按离缝实际宽度做分格条。分格条一般是刨光的米厘条，其宽度是 6～10mm，高度在 15mm 左右。

统一弹线，分格，一般要求横缝与窗台取平。突出墙面的部分，如窗台、腰线阳角及滴水线的排砖方法，可按图 5-2 处理，需要注意的是正面面砖要往下空出 3mm 左右，底面面砖要留有流水坡度。

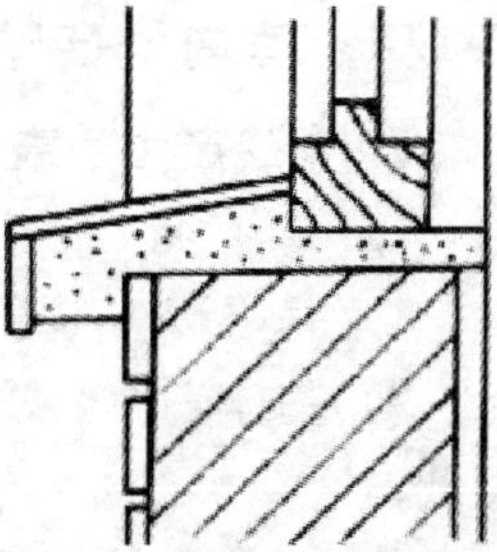

图 5-2 突出墙面部分贴法示意图

（6）粘贴面砖：在粘贴面砖前，应将面砖放入清水浸泡 2h 以上，后阴干备用，即以饰面砖表面有潮湿感但手按无水迹为准。

粘贴面砖的顺序是先贴附墙柱面，后贴大墙面，最后贴窗间墙。对每一分段或分块内的面砖均应自下而上进行粘贴。在最底一皮面砖的下皮位置线先稳好靠尺（最好用 5cm×10cm 木杠），要垫平、垫实、垫稳，以此来托住第一皮面砖。从两端头以标准块为准拉面砖外皮上口的通线，作为粘贴面砖的标准。粘贴砂浆采用 1∶2 水泥砂浆，要求砂浆的稠度一致，避免砂浆上墙后流淌。刮灰厚度控制在 6～10mm，面砖贴上墙后用灰铲柄轻轻敲击，使之附线，再用钢片开刀调整竖缝。如上口不在同一条直线上，应在面砖的下口垫小木片（或铁钉），使上口在一条直线上，然后用靠尺板通过标准块来调整平面的垂直度。

女儿墙压顶、窗台、腰线等部位平面也粘贴面砖时，应采取顶面面砖压立面砖的做法，以免向内渗水，引起空裂。

（7）勾缝：面砖缝应按设计要求的材料和深度进行。勾缝应连续、平直、光滑、无裂纹、无空鼓。

勾缝宜按先水平后垂直的顺序进行。面砖缝一般在 8mm 以上，用 1∶1 水泥砂浆进行勾缝，砂子要求过窗纱筛，一般分两次进行，头一次可用一般砂浆，第二遍用按设计要求色彩配制的砂浆勾缝。要先勾水平缝，再勾竖缝。一般要求勾进面砖 2～3mm。

（8）清理：面砖粘贴后应及时将表面清理干净，清洗工作应在勾缝材料硬化后进行，如有污染用水很难清洗时，则可用浓度为 10%的盐酸刷洗，然后用清水洗净。

5.1.4 室内瓷砖粘贴质量通病及防治

1. 瓷砖产生空鼓

（1）产生原因：

1）基层清理不干净，浇水不透；

2）基体表面偏差过大，每层抹灰跟得紧，各层之间黏结强度过低；

3）砂浆配合比不准确，稠度掌握不好，产生不同的干缩率。

（2）防治措施：

1）严格按工艺规范要求操作；

2）用水泥砂浆和水泥混合砂浆抹灰时，应待前一抹灰层凝结后方可抹后一层，底层的抹灰层强度不得低于面层的抹灰层强度；

3）抹灰应分层进行，每遍厚度宜为5～7mm，当抹灰总厚度超出35mm时，应采取加强措施。

2. 瓷砖粘贴墙面不平

（1）产生原因：

1）结构墙体墙面偏差大；

2）基层处理没有经过认真检查。

（2）防治措施：

1）掌握好吊垂直、套方找规矩的要求；

2）加强对底层灰的作用前和作用后的检查，切实落实“三检制”。

3. 拼缝不直、不匀和墙面污染

（1）产生原因：

1）没有分格弹线，排砖不仔细；

2）原材料偏差过大，操作不仔细。

（2）防治措施：

1）按施工图要求，针对结构基体具体情况，认真进行分格弹线；

2）把好进料关，不合格材料不能上墙；

3）擦完缝及时清扫，对某些污染，采用20%盐酸水溶液刷净，然后再用清水冲干净。

5.1.5　外墙粘贴面砖质量通病及防治

1. 外墙面砖空鼓或脱落

（1）产生原因：

1）外墙饰面自重大，底子灰与基层产生较大的剪应力；

2）砂浆配合比不准、水泥安定性不好或砂子含泥量大；

3）大气温度热胀冷缩的影响，在饰面的应力的作用。

（2）防治措施：

1）外墙基层力争做到平整垂直，防止偏差带来的不利情形；

2）面砖使用前应提前浸泡，提高砂浆与面层的黏结力；

3）砂浆初凝后，不得再挪动面砖，并应实行两次勾缝，勾缝勾进墙内 3mm 为宜。

2. 面砖分格缝不匀或墙面不平整

(1) 产生原因:

1) 没有按大样图进行排砖分格;

2) 面砖质量不好，规格偏差较大;

3) 操作方法不当，操作技术不熟练。

(2) 防治措施:

1) 核对结构偏差尺寸，确定面砖粘贴厚度和排砖模数，并弹出排砖控制线;

2) 考虑窗台、阳角的要求，确定缝子再做分格条或划出皮数杆;

3) 要求阴阳角要双面挂直，弹垂直线，作为粘贴面砖时的控制标志;

4) 面砖粘贴前，应进行选砖，粘贴面砖时，应保持面砖上口平直。

5.2 锦砖粘贴

锦砖也称为马赛克，按构成材料的不同，分为陶瓷锦砖和玻璃锦砖。锦砖具有色泽稳定、多样和耐污染等特点。因此，大量地应用在外墙装饰上，与面砖相比，它具有造价低、面层薄、自重较轻、装饰质量好的特点。

5.2.1 施工准备

1. 材料

(1) 锦砖：包括陶瓷锦砖、玻璃锦砖两种。每联 314mm×314mm。要求表面平整，颜色一致，边角整齐，尺寸准确，一次进场备齐。

(2) 水泥：宜选用硅酸盐水泥、普通硅酸盐水泥或白水泥。强度等级不低于 42.5 级，并应对水泥的凝结时间和安定性进行复验。

(3) 砂：中砂、使用前过筛、含泥量不大于 3%。

（4）石灰膏：熟化期不应少于15d，不得含有未熟化的颗粒。

（5）胶黏剂乳液、矿物颜料同饰面砖粘贴。

2. 机具与工具

灰匙、胡桃钳、木板（250mm×300mm）、木抹子、墨斗线、钢抹子、托线板、水平尺、方尺、刷子、排笔等。

3. 作业条件

（1）根据图纸的设计要求，按工程量挑选出同颜色、同规格、同批次的锦砖，分别堆放保管好。

（2）门窗框边缝已处理好、预留孔洞及排水管道等已处理好。

（3）脚手架已搭设好，离墙面的距离不得小于150～200mm，以便于操作，并满足安全和施工要求。

5.2.2 施工工艺

基层处理→吊垂直、找规矩→抹底层灰→分格弹线→粘贴锦砖→揭纸→调缝→擦缝。

5.2.3 操作要点

1. 基层处理

基层分混凝土基层和砖基层。

（1）混凝土基层：凹凸处，应抹平或剔平。光滑面，用钢丝刷凿毛或采用“毛化处理”方法，并采用聚合物水泥砂浆或其他界面处理剂做结合层。

（2）砖基层：抹灰前墙面必须清扫干净，检查窗台窗套和腰线等处，对损坏和松动的部分要处理好，然后浇水湿润墙面。

2. 吊垂直、找规矩

见前面外墙面贴面砖所述。

3. 抹底灰

一般要求分两次抹成，抹灰前，先刷一道水灰比为0.4～0.5的素水泥浆（可掺10%的乳液）。紧跟着抹1∶2.5的水泥砂浆，薄薄地抹一层，宜为5mm厚，均匀抹压密实。当第一层凝结后方可抹第二层，并使用相同的配合比的水泥砂浆按冲筋抹平，再用短木杠刮平，低凹处填平补齐。最后用木抹子搓平搓出麻面，待砂浆终凝后浇水养护。

4. 分格弹线

粘贴锦砖要先放施工大样。根据实际高度弹出若干条水平线。在弹水平线时，应计算好锦砖的块数，使两线之间保持整砖数。如分格的需要要按总高度分均匀，再根据设计与锦砖品种、规格尺寸定出分格缝的宽度，然后再加工分格条。在弹线分块数时应注意在同一墙上不得有一排以上的非整砖，并应将其排列在较隐蔽的部位。

一个房间，一整幅墙、柱面贴同一分类规格的砖块，砖块排列应自阴角开始，至阳角停止。自顶棚开始，到地面停止。女儿墙、窗顶、窗台及各种腰线部位，顶面砖块应压盖立面砖块，以防空鼓、渗水。如设计没有滴水线时，外墙各种腰线正面砖块下突 3mm，线底砖块应向内翘起 3～5mm，以利滴水。

5. 粘贴锦砖

粘贴锦砖前，应将底层灰浇水湿润，在第一组弹好水平线的下口上，支上垫尺，要求垫平、垫实、垫稳。

在已润湿的底子灰上刷素水泥浆一道，作为结合层，厚 1～2mm，同时将锦砖放在木垫板上，底面朝上，用湿布将底面擦净，再用白水泥浆，刮满锦砖的缝隙后，即可将锦砖沿线粘贴在墙上。

另一种做法是：在湿润的中层灰面上刷素水泥浆一道，再抹 2～3mm 厚的纸筋灰素水泥浆（纸筋∶石灰膏∶水泥＝1∶1∶8）作黏结层，用靠尺刮平，同时将陶瓷砖铺放在木垫板上，底面朝上，缝隙撒灌 1∶2 干水泥砂浆，用软毛刷子刷净底面上的浮砂，再薄薄抹一层粘贴灰浆，然后将锦砖贴到墙面上。粘贴时应沿尺上口弹好的横竖线铺贴。铺贴顺序自下而上。每张之间接茬缝的间距应保证与锦砖缝宽度一致，接茬缝要对齐，应随时注意调整缝子的平直和间距。贴完一组后，如有分格缝，应将分格条放在锦砖上口。

锦砖粘贴完后，应随即用拍板靠放在已贴好的锦砖表面，用小锤轻击拍板，均匀地由边沿到中间满敲一遍，将锦砖拍平压实，使其中层黏结牢固，表面平整。

6. 揭纸

待砂浆开始初凝（20～30min），再用刷子或用喷雾器分次喷水湿润纸面，当护面纸吸水泡开后（约 30min）即可揭纸。

7. 调缝

揭纸后检查锦砖砖缝是否均匀一致，平直，将弯扭的砖缝用拨缝刀拨正调直，宽度调整一致，然后用小锤拍板敲击拍平一遍，以增强与墙面的黏结力。拨缝工作必须在水泥浆初凝前完成，否则易产生面层空鼓、脱落现象。

8. 擦缝

待水泥浆凝固后（约 48h），用抹子将素水泥浆抹在已铺好的锦砖表面，将所有缝隙抹平嵌实，待稍收水后，用棉丝将砖表面擦净（分格缝的缝隙应在起分格条后，用 1∶1 水泥砂浆勾嵌），次日起喷水养护，时间 3～4d。

玻璃锦砖的粘贴工艺与陶瓷锦砖基本相同，但抹黏结层时要注意使黏结灰浆填满玻璃锦砖之间的缝隙。铺贴玻璃锦砖时，先在中层表面上涂抹黏结砂浆一层，厚 2～3mm，再在玻璃锦砖底面薄薄地涂抹一层黏结灰浆厚度 1～2mm。涂抹时要确保缝隙中灰浆饱满，否则用水洗刷玻璃锦砖表面时，易产生砂眼洞。

5.2.4　锦砖粘贴质量通病及防治

1. 锦砖粘贴空鼓和脱落

（1）产生原因：

1）基层处理不干净，墙面水未浇透；

2）抹灰层太厚或抹灰层跟得太紧。

（2）防治措施：

1）将砖墙面清理干净，脚手眼提前堵好，并提前一天把水浇透；

2）混凝土面应先刷掺水重10%的乳液胶素水泥浆以增加黏结力；

3）避免夏日暴晒下抹灰，粘贴砂浆不宜太厚，并调整好砂浆的稠度；

4）拨缝应在1h内完成，否则水泥初凝后再拨缝容易出现空鼓和脱落；

5）分格缝要用1∶1水泥砂浆勾实，锦砖要擦满填实。

2. 锦砖黏贴墙面不平整，分格缝不匀或砖缝不平直

（1）产生原因：

1）底灰不平整或阴阳角偏差较大；

2）抹灰层太厚；

3）找规矩、排砖不准，分格缝不均匀，揭纸后没检查，没认真拨缝调直。

（2）防治措施：

1）绘制施工大样图、加工分格条，认真选砖、编号，粘贴时对号入座；

2）对于各窗间墙、砖垛等处要事先测中心线、水平线和阴阳角两面垂直线，并贴好标志块；

3）要按弹线稳好平尺板，再按编号把每张锦砖放在平尺上口，由下往上粘贴。灰缝对齐，分格条放在上口，防止错缝现象出现；

4）刷水揭纸后，检查灰缝平直、大小情况，并将偏差的缝子用开刀拨正调直，再用小锤拍打，以达到表面平整。

第6章 抹灰工程的季节施工

6.1 夏季和雨季施工

6.1.1 夏季施工

在高温、炎热、干燥、多风的夏季进行抹灰、饰面工程的施工，常常会出现抹灰砂浆脱水，抹灰和饰面镶贴的基层脱离的现象，使砂浆中水泥未能很好地进行水化反应就失去水分，砂浆无法产生强度，严重地影响抹灰和饰面镶贴的质量，其主要原因是由于砂浆中的水分在干热的气温下急剧地被蒸发或被基层吸掉所致。为防止上述现象的发生，要调整抹灰砂浆配合比，提高砂浆的和易性，必须采取相应措施：

（1）拌制砂浆时，可根据需要适当掺入外加剂，而且砂浆要随拌随用，不得一次拌得太多，以免剩余砂浆过早干硬，造成浪费。

（2）控制好各层砂浆的抹灰间隔时间，若发现前一层过于干燥时，应提前洒水湿润，然后抹第二层灰。

（3）按操作工艺要点要求，将湿润阴干好的饰面板或砖及时进行镶贴或安装。

（4）对于提前浇水湿润的基层，因气候炎热而又过于干燥时，必须再适当浇水湿润，并及时进行抹灰和饰面作业。

（5）进行室外抹灰及饰面作业时，应采取措施遮阳，防止暴晒，同时还要加强养护工作，以保证工程质量。

6.1.2 雨季施工

雨季施工时，砂浆和饰面板（砖）淋雨后，使砂浆变稀，饰面板（砖）表面形成水膜，在这种情况下进行抹灰和饰面施工作业，就会发生黏结不牢和饰面板（砖）浮滑下坠等质量事故，因此必须采取以下防雨措施：

（1）合理安排施工计划，精心组织抹灰工程的工序搭接，如晴天进行外部抹灰装饰，雨天进行室内施工等。

（2）所有的材料应采取防潮、防雨措施。水泥库房应封严，不能有渗水、漏水，注意材料应随用随进，运输中注意防水、防潮。砂浆运输注意防水，拌和砂浆时要较晴天的稠度小一些。砂子堆放在地势较高处，以免大雨冲走造成浪费。

（3）饰面板（砖）放在室内或搭棚堆放，麻刀、纸筋等松散材料不可受潮，保持其干燥、膨松状态。

6.2 冬期施工

我国地域宽广，幅员辽阔，四季温差较大，在北方，全年的最高温差大约为70℃以上，负温度时间延续近三个月之久。规范规定：当预计连续5天平均气温稳定低于5℃，或当日气温低于−3℃时，抹灰工程就要按冬季施工措施进行。抹灰工程的冬季施工，依据气温的高低和工程项目的具体情况，可采用冷作法和热作法两种施工方法。

6.2.1 冬期施工的准备工作

1. 热源的准备

（1）热源准备应根据工程量的大小、施工方法及现场条件来定。一般室内抹灰应采用热作法，有条件的可使用正式工程的采暖设施，条件不具备时，可设带烟囱的火炉。

（2）抹灰量较大的工程，可用立式锅炉烧蒸汽或热水，用蒸汽加热砂子、用热水搅拌砂浆。抹灰量较小的工程，可砌筑临时炉灶烧热水，砌筑火炕加热砂子或用铁板炒砂子。

（3）砂浆搅拌机和纸筋灰搅拌机应设在采暖保温的棚内。

2. 材料及工具的准备

（1）根据抹灰工作量准备好冷作法用的氯化钠、氯化钙及其他抗冻剂。每个搅拌机前应准备好溶化配制和盛放化学附加剂的大桶，每种抗冻剂都应准备溶化、稀释、存放的大桶各一个。

（2）将最高、最低温度计悬挂在室外测温箱内和每个楼层北面房间地面以上500mm处，并要准备好测量浓化学附加剂溶液密度用的密度计。

（3）准备好运砂浆的保温车和盛装砂浆的保温槽，砂浆保温车可用运砂浆手推车用草帘子等保温材料围裹改装，保温槽用普通槽围裹两层草帘子改装。

（4）室外装饰工程施工前，还应随外架搭设，在西、北面应加设挡风措施。

3. 保温方法

（1）在进行室内抹灰前，应将门口和窗口封好，门口和窗口的边缘及外墙脚手眼或孔洞等也应堵好，施工洞口、运料口及楼梯间等处应封闭保温；北面房间距地面以上500mm处最低温度不应低于5℃。

（2）进入室内的过道门口、垂直运输门式架、井架等上料洞口要挂上用草帘或麻袋等制成的厚实防风门窗，并应设置风挡。

（3）现场供水管应埋设在冰冻线以下，立管露出地面的要采取防冻、保温措施。

（4）淋灰池、纸筋灰池要搭设暖棚，向阳面留出入口，但要挂保温门帘。砂子要尽量推高并加以覆盖。

4. 砂浆的拌制和运输

（1）为了在冬期施工中使用热砂浆，应将水和砂加热。掺有水泥的抹灰砂浆用水，水温不得超过80℃，砂子的温度不得超过40℃。如果水温超过规定温度时，应将水与砂子先进行搅拌，然后再加入水泥搅拌，以防止水泥出现假凝现象。

(2) 砂子可用蒸汽排管或用火炕加热，也可将蒸汽管插入砂子堆内直接送汽或用铁板加火炒砂子，在直接通汽时需要注意砂子含水率的变化。炒砂子时要勤翻，要控制好温度，防止砂子爆裂。当采用蒸汽排管或火炕加热时，可在砂上浇一些温水（其加水量不超过5%），以防冷热不匀，且可以加快加热速度。

水的加热方法是，有供气条件的可将蒸汽管直接通入水箱内，无条件的也可用铁桶、铁锅烧水。

(3) 水和砂子的温度应经常检查，每小时不少于一次。温度计停留砂子内的时间不少于3min，停留在水内的时间不少于1min。

(4) 冬期施工搅拌砂浆的时间应适当延长，一般自投料完算起，应搅拌2～3min。

(5) 要尽可能地采取相应措施，减少砂浆在搅拌、运输、储放过程中的温度损失。方法是：砂浆搅拌应在搅拌棚中集中进行，并应在运输中保温，其环境温度不应低于5℃。砂浆要随用随拌，不可储存和二次倒运，以防砂浆冻结。

6.2.2 抹灰工程的热作法

1. 热作法施工原理

低气温对抹灰工程的影响主要是，砂浆在其获得要求强度以前遭受冻结。冬期施工中砂浆在硬化以前受昼夜温差变化的影响较大，负温时，砂浆冻结，内部的水分固结成冰，致使体积膨胀，当膨胀力大于砂浆本身的黏结力时，抹灰层开始遭到破坏。白天气温回升，冻结的砂浆又融化，变成疏松状态，如此冻融循环的结果，使砂浆逐渐丧失黏结力，最终产生抹灰层脱落现象。另外，操作时如砂浆已遭冻结必将失去塑性，而无法进行施工。

抹灰工程冬期施工，主要是解决砂浆在获得要求强度之前遭受冻结的问题。所以，提高操作时的环境温度，即热作法施工，是一种主要的施工方法，通常用于室内抹灰或饰面安装及有特殊要求的室外抹灰。

热作法施工是指使用热砂浆抹灰后，利用房屋的永久热源或临时热源来提高和保持操作环境温度，是抹灰砂浆硬化和固结的一种操作方法。

2. 热作法施工的具体操作方法

热作法施工的具体操作方法与常温施工基本相同，但当采用带烟囱的火炉进行施工时，必须注意防止墙面烤裂或变色，而且要求室内温度不宜过高，一般可控制在 10℃左右。当采用热空气采暖时，应设通风设备排除室内湿气，但无论采取什么保温措施，都应防止干湿不均匀和过度烘热。

3. 热作法施工的注意事项

（1）用冻结法砌筑墙时，室外抹灰应待其完全解冻后施工；室内抹灰应待抹灰的一面解冻深度不小于墙厚的一半时，方可施工。不得采用热水冲刷冻结的墙面或用热水消除墙面的冰霜。

（2）用掺盐砂浆法砌筑砌体时，也应提前采暖预热，使墙面温度保持在 5℃以上，以便湿润墙面时不致结冰，使砂浆与墙面黏结牢固。

（3）应设专人测温，室内的环境温度，以地面以上 500mm 处为准。

（4）冬期室内装饰施工可采用建筑物正式热源、临时性管道或火炉、电气取暖。若采用火炉取暖时，应采取预防煤气中毒的措施，防止烟气污染，并应在火炉上方吊挂铁板，使煤火热度分散。

（5）室内抹灰的养护温度，不应低于 5℃。水泥砂浆层应在潮湿的条件下养护，并应通风换气；室内贴壁纸，施工地点温度不应低于 5℃。

（6）室内抹灰工程结束后，在 7d 以内，应保持室内温度不低于 5℃。

6.2.3　抹灰工程的冷作法

1. 冷作法施工原理

冷作法施工是指在抹灰用的水泥砂浆或水泥混合砂浆中掺入化学外加剂（如氯化钠、氯化钙、亚硝酸钠、漂白粉等），以降低抹灰砂浆的冰点的一种施工方法。

砂浆中的砂子和干燥的水泥不受温度影响，而水对温度的反应是敏感的。但只要有液态水存在，砂浆中水泥的水化反应就可以正常进行。而各种抗冻剂均有自己的最大共熔点温度，如氯化钠的最大浓度为 23.1%时，冰点温度则为－21.1℃；当浓度为 9.6%时，冰点则为 －6.4℃。当砂浆虽处于溶液冰点以下，其中部分毛细管水结冰，但还有部分毛细管水仍处于液态，所以尽管抗冻外加剂掺量不大，砂浆仍可以在较低的温度下继续进行水化反应，并能获得一定强度。

冷作法抹灰，只要保证在抹灰操作时不冻，抹完以后，即使受冻，砂浆强度有所降低，也不会影响最终强度的增长，不至于影响抹灰砂浆与基层的黏结。但由于掺氯盐在气温回升时会出现析盐现象，从而增加了砂浆的导电性，破坏涂料与抹灰层的黏结性能，所以冷作法主要用于不刷涂料或色浆的房屋外部抹灰工程，以及室内不刷涂料的水泥砂浆抹灰等。在发电厂、变电站及一些高级建筑中不能采用。

2. 冷作法的施工方法

冷作法施工时，应采用水泥砂浆或水泥混合砂浆。砂浆强度等级应不低于 M2.5，并在拌制砂浆时掺入化学外加剂。施工用砂浆配合比和化学外加剂的掺量应按设计的要求，或通过试验确定。

(1) 砂浆中掺氯化钠（食盐）。当选用砂浆中掺氯化钠的施工方法时，其掺量应根据当天的室外气温来确定，其掺量应符合表 6-1 规定。氯化钠的掺入量是按砂浆的总含水量百分数计算的，其中包括石灰膏和砂的含水量，搅拌砂浆时的加水量，应从配合比中减去石灰膏和砂的含水量，相应地要把加入水中氯化钠浓度提高。其中石灰膏的含水量按其稠度进行测量，具体可参考表 6-2。

表 6-1　砂浆内氯化钠掺量　　单位：%

项目	室外气温/℃	
	0～－5	－5～－10
挑檐、阳台、雨罩、墙面等抹水泥砂浆	4	4～8
墙面为水刷石、干粘石水泥砂浆	5	5～10

表 6-2　石灰膏稠度与含水量关系

石灰膏稠度/cm	含水率/%	石灰膏稠度/cm	含水率/%
1	32	8	46
2	34	9	48
3	36	10	50
4	38	11	52
5	40	12	54
6	42	13	56
7	44		

氯化钠溶液应由工地设专人提前两天用冷水进行配制，方法是先在大桶中配制 20%浓度的氯化钠溶液，在另外的大桶中放入清水，搅拌砂浆前，在盛有清水的桶中加入适量浓溶液，稀释成所需浓度，测定浓度可用密度计，先测定出溶液的密度，再依密度与浓度的关系和所需浓度兑出所需密度值的溶液。密度与浓度的关系见表 6-3。

表 6-3　密度与浓度的关系

浓度/%	1	2	3	4	5	6	7	8	9	10	11	12	25
密度	1.005	1.013	1.020	1.027	1.034	1.041	1.049	1.056	1.063	1.071	1.078	1.086	1.189

施工中应注意：氯化钠水溶液可掺入硅酸盐水泥、普通硅酸盐水泥、矿渣硅酸盐水泥中，但不得掺入高铝水泥中。

（2）氯化砂浆。氯化砂浆法可用于气温－10～－25℃的急需工程，调制氯化砂浆水温不得超过 35℃，漂白粉按比例掺入水内，随即搅拌溶化，加盖沉淀 1～2h 后使用。漂白粉掺入量与温度间的关系见表 6-4。当室外的温度低于－26℃时不得施工，氯化砂浆的使用温度与室外温度关系见表 6-5。

表 6-4　漂白粉掺入量与温度的关系

室外温度/℃	－10～－12	－13～－15	－16～－18	－19～－21	－22～－25
每 100kg 水中加漂白粉/kg	9	12	15	18	21

续表

室外温度/℃	−10～−12	−13～−15	−16～−18	−19～−21	−22～−25
氯化水溶液密度/(g/cm^3)	1.05	1.06	1.07	1.08	1.09

表 6-5　氯化砂浆使用温度与室外温度的关系

室外温度/℃	搅拌后的砂浆温度/℃	
	无风天气	有风天气
0～−10	10	15
−11～−20	15～20	25
−21～−25	20～25	30
−26 以下	不得施工	

施工中应注意：氯化砂浆搅拌时，是先将水和溶液拌和。如用混合砂浆时，石灰用量不得超过水泥重量的 1/2。氯化砂浆应随拌随用，不可停放。

(3) 砂浆掺亚硝酸钠。亚硝酸钠有一定的抗冻、阻锈作用，析盐现象也很轻微。在水泥砂浆、混合砂浆中亚硝酸钠掺入量与室外温度的关系见表 6-6。

表 6-6　亚硝酸钠掺入量与室外温度的关系

室外气温/℃	0～−3	−4～−9	−10～−15	−16～−20
掺量(占水泥重量的百分比)	1	3	5	8

施工时如基层表面有霜、雪、冰，要用热氯化钠溶液进行刷洗，待基层融化后方可施工。这种砂浆可用于室外抹水泥砂浆、干粘石、水刷石等。

3. 冷作法施工的注意事项

(1) 冷作法施工时，抹灰基层表面如有冰、霜、雪时，可采用与抹灰砂浆同浓度的防冻剂溶液冲刷，并应清除表面的尘土。

(2) 当施工要求分层抹灰时，底层灰不得受冻。抹灰砂浆在硬化初期应采取防止受冻的保温措施。

(3) 防冻剂应由专人配制和使用，配制时可先配制 20%浓度的标准溶液，然后根据气温再配制成使用浓度溶液。

（4）含氯盐的防冻剂不得用于高压电源部位和有油漆墙面的水泥砂浆基层内。亚硝酸钠是一种剧毒的物质，保管和使用时，应加强管理，防止中毒。

4. 饰面工程冬期施工要点

（1）冬期室内饰面工程施工可采用热空气或带烟囱的火炉取暖，并应设有通风、排湿装置。室外饰面工程宜采用暖棚法施工，棚内温度不应低于 5℃，并按常温施工方法操作。

（2）饰面板就位固定后，用 1∶2.5 水泥砂浆灌浆，保温养护时间不少于 7d。

（3）冬期施工外墙饰面石材应根据当地气温条件及吸水率要求选材。安装前可根据块材大小，在结构施工时预埋设一定数量的锚固件。采用螺栓固定的干作业法施工，锚固螺栓应做防水、防锈处理。

（4）釉面砖及外墙面砖在冬期施工时宜在 2％盐水中浸泡 2h，并在晾干后方可使用。

第 7 章
抹灰工程的质量与安全管理

7.1 抹灰工程质量检验与评定

抹灰工程质量检验与评定是依据《建筑装饰装修工程质量验收规范》(GB 50210—2001，以下简称《规范》)。

7.1.1 一般规定

(1) 抹灰工程验收时应检查下列文件和记录：抹灰工程的施工图、设计说明及其他设计文件；材料的产品合格证书、性能检测报告、进场验收记录和复验报告；隐蔽工程验收记录；施工记录。

(2) 抹灰工程应对水泥的凝结时间和安定性进行复验。

(3) 抹灰工程应对下列隐蔽工程项目进行验收：

1) 抹灰总厚度大于或等于 35mm 时的加强措施。

2) 不同材料基体交接处的加强措施。

(4) 各分项工程的检验批应按下列规定划分：相同材料、工艺和施工条件的室外抹灰工程每 500～1000m^2 应划分为一个检验批，不足 500m^2 也应划分为一个检验批。

相同材料、工艺和施工条件的室内抹灰工程每 50 个自然间(大面积房间和走廊按抹灰面积 30m^2 为一间）应划分为一个检验批，不足 50 间也应划分为一个检验批。

(5) 检查数量应符合下列规定：

1）室内每个检验批应至少抽查 10%，并不得少于 3 间；不足 3 间时应全数检查。

2）室外每个检验批每 $100m^2$ 应至少抽查一处，每处不得小于 $10m^2$。

（6）外墙抹灰工程施工前应先安装钢木门窗框、护栏等，并应将墙上的施工孔洞堵塞密实。

（7）抹灰用的石灰膏的熟化期不应少于 15d；罩面用的磨细石灰粉的熟化期不应少于 3d。

（8）室内墙面、柱面和门洞口的阳角做法应符合设计要求。设计无要求时，应采用 1∶2 水泥砂浆做暗护角，其高度不应低于 2m，每侧宽度不应小于 50mm。

（9）当要求抹灰层具有防水、防潮功能时，应采用防水砂浆。

（10）各种砂浆抹灰层，在凝结前应防止快干、水冲、撞击、振动和受冻，在凝结后应采取措施防止玷污和损坏。水泥砂浆抹灰层应在湿润条件下养护。

（11）外墙和顶棚的抹灰层与基层之间及各抹灰层之间必须黏结牢固。

7.1.2　一般抹灰工程的质量验收

《规范》规定的验收要求只适用于石灰砂浆、水泥砂浆、水泥混合砂浆、聚合物水泥砂浆和麻刀石灰、纸筋石灰、石膏灰等一般抹灰工程的质量验收。一般抹灰工程分为普通抹灰和高级抹灰，当设计无要求时，按普通抹灰验收。

1. 主控项目

（1）抹灰前基层表面的尘土、污垢、油渍等应清除干净，并应洒水润湿。

检验方法：检查施工记录。

（2）一般抹灰所用材料的品种和性能应符合设计要求。水泥的凝结时间和安定性复验应合格。砂浆的配合比应符合设计要求。

检验方法：检查产品合格证书、进场验收记录、复验报告和施工记录。

(3) 抹灰工程应分层进行。当抹灰总厚度大于或等于 35mm 时，应采取加强措施。不同材料基体交接处表面的抹灰，应采取防止开裂的加强措施，当采用加强网时，加强网与各基体的搭接宽度不应小于 100mm。

检验方法：检查隐蔽工程验收记录和施工记录。

(4) 抹灰层与基层之间及各抹灰层之间必须黏结牢固，抹灰层应无脱层、空鼓，面层应无爆灰和裂缝。

检验方法：观察；用小锤轻击检查；检查施工记录。

2. 一般项目

(1) 一般抹灰工程的表面质量应符合下列规定：

1) 普通抹灰表面应光滑、洁净、接槎平整，分格缝应清晰。

2) 高级抹灰表面应光滑、洁净、颜色均匀、无抹纹，分格缝和灰线应清晰美观。

检验方法：观察；手摸检查。

(2) 护角、孔洞、槽、盒周围的抹灰表面应整齐、光滑；管道后面的抹灰表面应平整。

检验方法：观察。

(3) 抹灰层的总厚度应符合设计要求；水泥砂浆不得抹在石灰砂浆层上；罩面石膏灰不得抹在水泥砂浆层上。

检验方法：检查施工记录。

(4) 抹灰分格缝的设置应符合设计要求，宽度和深度应均匀，表面应光滑，棱角应整齐。

检验方法：观察；尺量检查。

(5) 有排水要求的部位应做滴水线（槽）。滴水线（槽）应整齐顺直，滴水线应内高外低，滴水槽的宽度和深度均不应小于 10mm。

检验方法：观察；尺量检查。

(6) 一般抹灰工程质量的允许偏差和检验方法应符合表 7-1 的规定。

表 7-1　一般抹灰工程质量的允许偏差和检验方法

项次	项目	允许偏差/mm		检验方法
		普通抹灰	高级抹灰	
1	立面垂直度	4	3	用 2m 垂直检测尺检查
2	表面平整度	4	3	用 2m 垂直检测尺检查
3	阴阳角方正	4	3	用直角检测尺检查
4	分格条（缝）直线度	4	3	拉 5m 线，不足 5m 拉通线，钢直尺检查
5	墙裙、勒脚上口直线度	4	3	拉 5m 线，不足 5m 拉通线，用钢直尺检查

7.1.3　装饰抹灰工程的质量验收

《规范》规定以下验收适用于水刷石、斩假石、干粘石、假面砖等装饰抹灰工程的质量验收。

1. 主控项目

（1）抹灰前基层表面的尘土、污垢、油渍等应清除干净，并应洒水润湿。

检验方法：检查施工记录。

（2）装饰抹灰工程所用材料的品种和性能应符合设计要求。水泥的复验应合格。砂浆的配合比应符合设计要求。

检验方法：检查产品合格证书、进场验收记录、复验报告和施工记录。

（3）抹灰工程应分层进行。当抹灰总厚度大于或等于 35mm 时，应采取加强措施。不同材料基体交接处表面的抹灰，应采取防止开裂的加强措施，当采用加强网时，加强网与各基体的搭接宽度不应小于 100mm。

检验方法：检查隐蔽工程验收记录和施工记录。

（4）各抹灰层之间及抹灰层与基体之间必须黏结牢固，抹灰层应无脱层、空鼓和裂缝。

检验方法：观察；用小锤轻击检查；检查施工记录。

2. 一般项目

(1) 装饰抹灰工程的表面质量应符合下列规定:

1) 水刷石表面应石粒清晰、分布均匀、紧密平整、色泽一致,应无掉粒和接槎痕迹。

2) 斩假石表面剁纹应均匀顺直、深浅一致,应无漏剁处;阳角处应横剁并留出窄一致的不剁边条,棱角应无损坏。

3) 干粘石表面应色泽一致、不露浆、不漏粘,石粒应黏结牢固、分布均匀,阳角处应无明显黑边。

4) 假面砖表面应平整、沟纹清晰、留缝整齐、色泽一致,应无掉角、脱皮、起砂等缺陷。

检验方法:观察;手摸检查。

(2) 装饰抹灰分格条(缝)的设置应符合设计要求,宽度和深度应均匀,表面应平整光滑,棱角应整齐。

检验方法:观察。

(3) 有排水要求的部位应做滴水线(槽)。滴水线(槽)应整齐顺直,滴水线应内高外低,滴水槽的宽度和深度均不应小于10mm。

检验方法:观察;尺量检查。

(4) 装饰抹灰工程质量的允许偏差和检验方法应符合表7-2的规定。

表7-2 装饰抹灰的允许偏差和检验方法

项次	项目	允许偏差/mm				检验方法
		水刷石	斩假石	干粘石	假面砖	
1	立面垂直度	5	4	5	5	用2m垂直检测尺检查
2	表面平整度	3	3	5	4	用2m靠尺和塞尺检查
3	阳角方正	3	3	4	4	用自角检测尺检查
4	分格条(缝)直线度	3	3	3	3	拉5m线,不足5m拉通线,用钢直尺检查
5	墙裙、勒脚上口直线度	3	3			拉5m线,不足5m拉通线,用钢直尺检查

7.1.4 清水砌体勾缝工程的质量验收

《规范》的以下规定适用于清水砌体砂浆勾缝和原浆勾缝工程的质量验收。

1. 主控项目

（1）清水砌体勾缝所用水泥的凝结时间和安定性复验应合格。砂浆的配合比应符合设计要求。

检验方法：检查复验报告和施工记录。

（2）清水砌体勾缝应无漏勾。勾缝材料应黏结牢固、无开裂。

检验方法：观察。

2. 一般项目

（1）清水砌体勾缝应横平竖直，交接处应平顺，宽度和深度应均匀，表面应压实抹平。

检验方法：观察；尺量检查。

（2）灰缝应颜色一致，砌体表面应洁净。

检验方法：观察。

7.1.5 地面工程施工质量验收

1. 整体面层铺设

整体面层铺设视面层材料不同分别提出标准。

（1）水泥混凝土面层。水泥混凝土面层厚度应符合设计要求，铺设不得留施工缝。当施工间隙超过允许时间规定时，应对接槎处进行处理。

1）主控项目。

①水泥混凝土采用的粗骨料，其最大粒径不应大于面层厚度的2/3，细石混凝土面层采用的石子粒径不应大于15mm。

检验方法：观察检查和检查材质合格证明文件及检测报告。

②面层的强度等级应符合设计要求，且水泥混凝土面层强度等级不应小于C20；水泥混凝土垫层兼面层强度等级不应小于C15。

检验方法：检查配合比通知单及检测报告。

③面层与下一层应结合牢固，无空鼓、裂纹。

检验方法：用小锤轻击检查。

注：空鼓面积不应小于 400cm²，且每自然间（标准间）不多于 2 处可不计。

2）一般项目。

①面层表面不应有裂纹、脱皮、麻面、起砂等缺陷。

检验方法：观察检查。

②面层表面的坡度应符合设计要求，不得有倒泛水和积水现象。

检验方法：观察和采用泼水或用坡度尺检查。

③水泥砂浆踢脚线与墙面应紧密结合，高度一致，出墙厚度均匀。

检验方法：用小锤轻击、钢尺和观察检查。

④楼梯踏步的宽度、高度应符合设计要求。楼层梯段相邻踏步高度差不应大于 10mm，每踏步两端宽度差不应大于 10mm，旋转楼梯段的每踏步两端宽度的允许偏差为 5mm。楼梯踏步的齿角应整齐，防滑条应顺直。

检验方法：观察和钢尺检查。

⑤水泥混凝土面层的允许偏差应符合表 7-3 的规定。

检验方法：应按表 7-3 中的检验方法检验。

表 7-3　整体面层的允许偏差和检验方法

<table>
<tr><th rowspan="2">项次</th><th rowspan="2">项目</th><th colspan="6">允许偏差</th><th rowspan="2">检验方法</th></tr>
<tr><th>水泥混凝土面层</th><th>水泥砂浆面层</th><th>普通水磨石面层</th><th>高级水磨石面层</th><th>水泥钢(铁)屑面层</th><th>防油渗混凝土和不发火(防爆的)面层</th></tr>
<tr><td>1</td><td>表面平整度</td><td>5</td><td>4</td><td>3</td><td>2</td><td>4</td><td>5</td><td>用 2m 靠尺和楔形塞尺检查</td></tr>
<tr><td>2</td><td>踢脚线上口平直</td><td>4</td><td>4</td><td>3</td><td>3</td><td>4</td><td>4</td><td rowspan="2">拉 5m 线和用钢尺检查</td></tr>
<tr><td>3</td><td>缝格平直</td><td>3</td><td>3</td><td>3</td><td>2</td><td>3</td><td>3</td></tr>
</table>

（2）水泥砂浆面层。水泥砂浆面层的厚度应符合设计要求，

且不应小于20mm。

1）主控项目。

①水泥采用硅酸盐水泥，普通硅酸盐水泥，其强度等级不应小于32.5级，不同品种、不同强度等级的水泥严禁混用；砂应为中粗砂，当采用石屑时，其粒径应为1～5mm，且含泥量不应大于3%。

检验方法：观察检查和检查材质合格证明文件及检测报告。

②面层水泥砂浆的体积比必须符合设计要求，且体积比应为1∶2，强度等级不应小于M15。

检验方法：检查配合比通知单和检测报告。

③面层与下一层应结合牢固，无空鼓、裂纹。

2）一般项目。

一般项目的验收要求与检验方法同水泥混凝土面层相应项目。允许偏差应符合表7-3的规定。

2. 板块面层铺设

板块面层铺设依其面层材料、规格不同分别提出标准。

（1）砖面层。砖面层采用陶瓷锦砖、缸砖、陶瓷地砖和水泥花砖时应在结合层上铺设。有防腐蚀要求的砖面层采用耐酸瓷砖，浸渍沥青砖、缸砖的材质、铺设以及施工质量验收应符合《规范》规定。

1）主控项目。

①面层所用的板块的品种、质量必须符合设计要求。

检验方法：观察检查和检查材质合格证明文件及检测报告。

②面层与下一层的结合（黏结）应牢固，无空鼓。

检验方法：用小锤轻击检查。

注：凡单块砖边角有局部空鼓，且每自然间（标准间）不超过总数的5%可不计。

2）一般项目。

①砖面层的表面应洁净、图案清晰、色泽一致，接缝平整，深浅一致，周边顺直。板块无裂纹、掉角和缺楞等缺陷。

检验方法：观察检查。

②面层邻接处的镶边用料及尺寸应符合设计要求，边角整齐、光滑。

检验方法：观察和用钢尺检查。

③踢脚线表面应洁净、高度一致、结合牢固、出墙厚度一致。

检验方法：观察和用小锤轻击及钢尺检查。

④楼梯踏步和台阶板块的缝隙宽度应一致、齿角整齐；楼层梯段相邻踏步高度差不应大于10mm；防滑条顺直。

检验方法：观察和用钢尺检查。

⑤面层表面的坡度应符合设计要求，不倒泛水，无积水；与地漏、管道结合处应严密牢固，无渗漏。

检验方法：观察、泼水或坡度尺及蓄水检查。

(2) 大理石面层和花岗石面层。大理石、花岗石面层采用天然大理石、花岗石（或碎拼大理石、碎拼花岗石）板材应在结合层上铺设。天然大理石、花岗石的技术等级、光泽度应符合《天然大理石建筑板材》(GB/T 19766—2005) 的规定。板材有裂缝、外观等质量要求应符合《天然花岗石建筑板材》(GB/T 18601—2009) 的规定。掉角、翘曲和表面有缺陷时应予剔除，品种不同的板材不得混杂使用；在铺设前，应根据石材的颜色、花纹、图案、纹理等按设计要求，试拼编号。铺设大理石、花岗石面层前，板材应浸湿、晾干；结合层与板材应分段同时铺设。

1) 主控项目。

①大理石、花岗石面层所用板块的品种，质量应符合设计要求。

检验方法：观察检查和检查材质合格记录。

②面层与下一层应结合牢固，无空鼓。

检验方法：用小锤轻击检查。

注：凡单块板块边角有局部空鼓，且每自然间（标准间）不超过总数的5%可不计。

2) 一般项目。

①大理石、花岗石面层的表面应洁净、平整、无磨痕，且应

图案清晰、色泽一致，接缝均匀、周边顺直、镶嵌正确、板块无裂纹、掉角、缺楞等缺陷。

检验方法：观察检查。

②踢脚板、楼梯、面层表面坡度等项目的验收要求与检验方法同砖面层相应项目。

（3）预制板块面层。预制板块面层采用水泥混凝土板块、水磨石板块应在结合层上铺设。水泥混凝土板块面层的缝隙，应采用水泥浆（或砂浆）填缝；彩色混凝土板块和水磨石板块应用同色水泥浆（或砂浆）擦缝。

1）主控项目。

①预制板块的强度等级、规格、质量应符合设计要求；水磨石板块应符合《建筑装饰用水磨石》（JC/T 507－2012）的规定。

检验方法：观察检查和检查材质合格证明文件及检测报告。

②面层与下一层应结合牢固、无空鼓。

检验方法：用小锤轻击检查。

2）一般项目。

①预制板块表面应无裂缝、掉角、翘曲等明显缺陷。面层应平整洁净，图案清晰，色泽一致，接缝均匀，周边顺直，镶嵌正确。

检验方法：观察检查。

②面层邻接处的镶边用料尺寸应符合设计要求，边角整齐、光滑。

检验方法：观察和钢尺检查。

③踢脚线、楼梯等项目的验收要求及检验方法同砖面层相应项目。

（4）料石面层。料石面层采用天然条石和块石应在结合层上铺设。条石和块石面层所用的石材的规格、技术等级和厚度应符合设计要求。条石的质量应均匀，形状为矩形六面体，厚度为80～120mm；块石形状为直棱柱体，顶面粗琢平整，底面面积不宜小于顶面面积的60%，厚度为100～150mm。不导电的料石面层的石料应采用辉绿岩石加工制成。填缝材料亦采用辉绿岩石加工的砂嵌实。高温的料石面层的石料，应按设计要求选用。设厚度为：砂垫层不应小于64mm；基土层应为均匀密实的基土或夯实的基土。

1）主控项目。

①面层材质应符合设计要求；条石的强度等级应大于MU60，块石的强度等级应大于MU30。

检验方法：观察检查和检查材质合格证明文件及检测报告。

②面层与下一层应结合牢固、无松动。

检验方法：观察检查和用锤击检查。

2）一般项目。

条石面层应组砌合理，无十字缝，铺砌方向和坡度应符合设计要求；块石面层石料缝隙应相互错开，通缝不超过两块石料。

检验方法：观察和用坡度尺检查。

（5）各类板、块面层的允许偏差均应符合表7-4的规定。

表7-4　板、块面层的允许偏差和检验方法

项次	项目	允许偏差											检验方法
		陶瓷锦砖面层、高级水磨石板、陶瓷地砖面层	缸砖面层	水泥花砖面层	水磨石板块面层	大理石面层、花岗石面层	塑料板面层	水泥混凝土板块面层	碎拼大理石、碎拼花岗石面层	活动地板面层	条石面层	块石面层	
1	表面平整度	2.0	4.0	3.0	3.0	1.0	2.0	4.0	3.0	2.0	10.0	10.0	用2m靠尺和楔形塞尺检查
2	缝格平直	3.0	3.0	3.0	3.0	2.0	3.0	3.0	—	2.5	8.0	8.0	拉5m线和用钢尺检查

续表

项次	项目	允许偏差											检验方法
		陶瓷锦砖面层、高级水磨石板、陶瓷地砖面层	缸砖面层	水泥花砖面层	水磨石板块面层	大理石面层、花岗石面层	塑料板面层	水泥混凝土板块面层	碎拼大理石、碎拼花岗石面层	活动地板面层	条石面层	块石面层	
3	接缝高低差	0.5	1.5	0.5	1.0	0.5	0.5	1.5	—	0.4	2.0	—	用钢尺和楔形塞尺检查
4	踢脚线上口平直	3.0	4.0	—	4.0	1.0	2.0	4.0	1.0	—	—	—	拉 5m 线和用钢尺检查
5	板块间隙宽度	2.0	2.0	2.0	2.0	1.0	—	6.0	—	0.3	5.0	—	用钢尺检查

7.1.6　饰面板（砖）工程的质量验收

饰面板（砖）工程验收时应检查的资料有饰面板（砖）工程的施工图、设计说明及其他设计文件；材料的产品合格证书、性能检测报告、进场验收记录和复验报告；后置埋件的现场拉拔检测报告；外墙饰面砖样板件的黏结强度检测报告；隐蔽工程验收记录；施工记录。

饰面板（砖）工程应进行复验的内容有室内用花岗石的放射性；粘贴用水泥的凝结时间、安定性和抗压强度；外墙陶瓷面砖的吸水率；寒冷地区外墙陶瓷面砖的抗冻性。

饰面板（砖）工程应进行验收的隐蔽工程项目有预埋件（或后置埋件）、连接节点、防水层。

分项工程检验批的划分规定：相同材料、工艺和施工条件的室内饰面数（砖）工程每 50 间（大面积房间和走廊按施工面积 $30m^2$ 时为一间）应划分为一个检验批，不足 50 间也应划分为一个检验批。相同材料、工艺和施工条件的室外饰面板（砖）工程每500～

1000m²划分为一个检验批，不足500m²也应划分为一个检验批。

检验数量的规定：室内每个检验批至少应抽查10%，并不得少于3间；不足3间时应全数检查。室外每个检验批每100m²至少抽查一处，每处不得小于10m²。

1. 饰面板安装工程验收内容

（1）主控项目。

1）饰面板的品种、规格、颜色和性能应符合设计要求，木龙骨、木饰面板和塑料饰面板的燃烧性能等级应符合设计要求。

检验方法：观察；检查产品合格证书、进场验收记录和性能检测报告。

2）饰面板孔、槽的数量、位置和尺寸应符合设计要求。

检验方法：检查进场验收记录和施工记录。

3）饰面板安装工程的预埋件（或后置埋件）、连接件的数量、规格、位置、连接方法和防腐处理必须符合设计要求。后置埋件的现场拉拔强度必须符合设计要求。饰面板安装必须牢固。

检验方法：手扳检查；检查进场验收记录、现场拉拔检测报告、隐蔽工程验收记录和施工记录。

（2）一般项目。

1）饰面板表面应平整、洁净、色泽一致，无裂痕和缺损：石材表面应无泛碱等污染。

检验方法：观察。

2）饰面板嵌缝应密实、平直，宽度和深度应符合设计要求，嵌填材料色泽应一致。

检验方法：观察；尺量检查。

3）采用湿作业法施工的饰面板工程，石材应进行防碱背涂处理。饰面板与基体之间的灌注材料应饱满、密实。

检验方法：用小锤轻击检查；检查施工记录。

4）饰面板上的孔洞应套割吻合，边缘应整齐。

检验方法：观察。

5）饰面板安装的允许偏差和检验方法应符合表7-5的要求。

表 7-5　饰面板安装的允许偏差和检验方法

项次	项目	允许偏差/mm							检验方法
		石材			瓷板	木材	塑料	金属	
		光面	剁斧石	蘑菇石					
1	立面垂直度	2	3	3	2	1.5	2	2	用 2m 垂直检测尺检查
2	表面平整度	2	3	—	1.5	1	3	3	用 2m 靠尺和塞尺检查
3	阴阳角方正	2	4	4	2	1.5	3	3	用直角检测尺检查
4	接缝直线度	2	4	4	2	1	1	1	拉 5m 线，不足 5m 拉通线，用钢直尺检查
5	墙裙、勒脚上口直线度	2	3	3	2	2	2	2	拉 5m 线，不足 5m 拉通线，用钢直尺检查
6	接缝高低差	0.5	3	—	0.5	0.5	1	1	用钢直尺和塞尺检查
7	接缝宽度	1	2	2	1	1	1	1	用钢直尺检查

2. 饰面砖粘贴工程验收内容

（1）主控项目。

1）饰面砖的品种、规格、图案、颜色和性能应符合设计要求。

检验方法：观察；检查产品合格证书、进场验收记录、性能检测报告和复验报告。

2）饰面砖粘贴工程的找平、防水、黏结和勾缝材料及施工方法应符合设计要求及国家现行产品标准和工程技术标准的规定。

检验方法：检查产品合格证书、复验报告和隐蔽工程验收记录。

3）饰面砖粘贴必须牢固。

检验方法：检查样板件黏结强度检测报告和施工记录。

4）满粘法施工的饰面砖工程应无空鼓、裂缝。

检验方法：观察；用小锤轻击检查。

(2) 一般项目。

1) 饰面砖表面应平整、洁净、色泽一致，无裂痕和缺损。

检验方法：观察。

2) 阴阳角处搭接方式、非整砖使用部位应符合设计要求。

检验方法：观察。

3) 墙面突出物周围的饰面砖应整砖套割吻合，边缘应整齐；墙裙、贴脸突出墙面的厚度应一致。

检验方法：观察；尺量检查。

4) 饰面砖接缝应平直、光滑，填嵌应连续、密实；宽度和深度应符合设计要求。

检验方法：观察；尺量检查。

5) 有排水要求的部位应做滴水线（槽）。滴水线（槽）应顺直，流水坡向应正确，坡度应符合设计要求。

检验方法：观察；用水平尺检查。

6) 饰面砖粘贴的允许偏差和检验方法应符合表 7-6 的规定。

表 7-6 饰面砖粘贴的允许偏差和检验方法

项次	项目	允许偏差/mm		检验方法
		外墙面砖	内墙面砖	
1	立面垂直度	3	3	用 2m 垂直检测尺检查
2	表面平整度	4	3	用 2m 靠尺和塞尺检查
3	阴阳角方正	3	3	用直角检测尺检查
4	接缝直线度	3	2	拉 5m 线，不足 5m 拉通线，用钢直尺检查
5	接缝高低差	1	0.5	用钢直尺和塞尺检查
6	接缝宽度	1	1	用钢直尺检查

3. 花饰制作与安装工程质量验收

对于混凝土、石材、木材、塑料、金属、玻璃、石膏等花饰制作与安装工程的质量验收，检验数量应符合下列规定：室外每个检验批应全部检查；室内每个检验批应至少抽查 3 间（处）；不足 3 间（处）的应全数检查。

（1）主控项目。

1）花饰制作与安装所使用材料的材质、规格应符合设计要求。

检验方法：观察；检查产品合格证书和进场验收记录。

2）花饰的造型、尺寸应符合设计要求。

检验方法：观察；尺量检查。

3）花饰的安装位置和固定方法必须符合设计要求，安装必须牢固。

检验方法：观察；尺量检查；手扳检查。

（2）一般项目。

1）花饰表面应洁净，接缝应严密吻合，不得有歪斜、裂缝、翘曲及损坏。

检验方法：观察。

2）花饰安装的允许偏差和检验方法应符合表 7-7 的规定。

表 7-7　花饰安装的允许偏差和检验方法

<table>
<tr><th rowspan="2">项次</th><th rowspan="2" colspan="2">项目</th><th colspan="2">允许偏差/mm</th><th rowspan="2">检验方法</th></tr>
<tr><th>室内</th><th>室外</th></tr>
<tr><td rowspan="2">1</td><td rowspan="2">条型花饰的水平度或垂直度</td><td>每米</td><td>1</td><td>2</td><td rowspan="2">拉线和用 1m 垂直检测尺检查</td></tr>
<tr><td>全长</td><td>3</td><td>6</td></tr>
<tr><td>2</td><td colspan="2">单独花饰中心位置偏移</td><td>10</td><td>15</td><td>拉线和用钢直尺检查</td></tr>
</table>

7.1.7　建筑工程质量评定及处理

（1）检验批合格质量应符合下列规定：

1）主控项目和一般项目的质量经抽样检验合格。

2）具有完整的施工操作依据、质量检查记录。

（2）分项工程质量验收合格应符合下列规定：

1）分项工程所含的检验批均应符合合格质量的规定。

2）分项工程所含的检验批的质量验收记录应完整。

（3）分部（子分部）工程质量验收合格应符合下列规定：

1）分部（子分部）工程所含分项工程的质量均应验收合格。

2）质量控制资料应完整。

3）地基与基础、主体结构和设备安装等分部工程有关安全及功能的检验和抽样检测结果应符合有关规定。

4）观感质量验收应符合要求。

（4）单位（子单位）工程质量验收合格应符合下列规定：

1）单位（子单位）工程所含分部（子分部）工程的质量均应验收合格。

2）质量控制资料应完整。

3）单位（子单位）工程所含分部工程有关完全和功能的检测资料应完整。

4）主要功能项目的抽查结果应符合相关专业质量验收规范的规定。

5）观感质量验收应符合要求。

（5）建筑工程质量验收记录应符合下列规定：

1）检验批质量验收。检验批的质量验收记录由施工项目专业质量检查员填写，监理工程师（建设单位项目专业技术负责人）组织项目专业质量检查员等进行验收，并按规定记录。

2）分项工程质量验收。分项工程质量应由监理工程师（建设单位项目专业技术负责人）组织项目专业技术负责人等进行验收，并按规定记录。

3）分部（子分部）工程质量验收。分部（子分部）工程质量应由总监理工程师（建设单位项目专业负责人）组织施工项目经理和有关勘察、设计单位项目负责人进行验收。

4）单位（子单位）工程质量验收，质量控制资料核查，安全和功能检验资料核查及主要功能抽查记录，观感质量检查等应按《建筑工程施工质量验收统一标准》进行。

（6）当建筑工程质量不符合要求时，应按下列规定进行处理：

1）经返工重做或更换器具、设备的检验批，应重新进行验收。

2）经有资质的检测单位检测鉴定能够达到设计要求的检验批，应予以验收。

3）经有资质的检测单位检测鉴定达不到设计要求但经原设计单位核算认可能够满足结构安全和使用功能的检验批，可予以验收。

4）经返修或加固处理的分项、分部工程，虽然改变外形尺寸但仍能满足安全使用要求，可按技术处理方案和协商文件进行验收。

7.2 安全技术管理

7.2.1 抹灰工程的安全技术措施

（1）严禁脚手架超负荷使用，操作人员和材料不能太集中。

（2）零星抹灰、收尾、找补工程，不能用暖气管、上下水管道作为脚手架的支点，以免发生安全事故。

（3）机喷抹灰和砂浆中掺加的化学剂都应按规定，并配足劳保用品。

（4）施工现场的临时用电，按规定采用安全电压，线路出现事故，应由专职电工进行维修与检查。

（5）冬季施工中室内热作业要防止煤气中毒和火灾发生，外架子要经常打扫并注意防滑。

（6）雨季施工注意机具设备的防护，以免造成漏电事故，做好场地排水、防水，使整个工地道路畅通无阻。

7.2.2 高处作业安全的基本要求

按照《高处作业分级》（GB/T 3608—2008）的规定：高处作业是指凡在坠落高度基准面 2m 以上（含 2m）有可能坠落的高处进行的作业。其中坠落高度基准面是指通过可能坠落范围内最低处的水平面，它是确定高处作业高度的起始点。如：从作业位置可能坠落到最低点的楼面、地面、基坑等平面。

1. 高处作业人员的基本要求

(1) 凡从事高处作业的作业人员必须身体健康，并定期体检，而患有高血压、心脏病、癫痫病、贫血病、四肢有残疾以及其他不适应高处作业的人员，不得从事高处作业；

(2) 高处作业人员应正确佩戴和使用安全带和安全帽，安全带和安全帽应完好，并符合相关要求；

(3) 高处作业人员衣着要便利，禁止赤脚、穿硬底鞋、拖鞋、高跟鞋以及带钉、易滑的鞋从事高处作业；

(4) 酒后严禁进行高处作业；

(5) 所有高处作业人员应从规定的通道上下，不得在阳台、脚手架上等非规定通道进行攀登上下，也不得任意利用吊车悬臂架及非载人设备上下。

2. 高处作业的基本要求

根据《建筑施工高处作业安全技术规范》(JGJ 80－1991) 的规定，建筑施工单位在进行高处作业时，应满足以下基本要求：

(1) 凡进行高处作业时，应正确使用脚手架、操作平台、梯子、防护栏杆、安全带、安全网和安全帽等安全设施和用具，作业前应认真检查所用安全设施和用具是否牢固、可靠；

(2) 高处作业的安全技术措施及其所需料具，必须列入工程的施工组织设计；

(3) 单位工程施工负责人应对工程的高处作业安全技术负责，并建立相应的责任制；

(4) 施工单位应有针对性地将高处作业的警示标志悬挂于施工现场相应的醒目部位，夜间应设红灯警示。各类安全标志、工具、仪表、电气设施和各种设备，必须在施工前加以检查验收，确认其完好，并经相关人员签字后，方能投入使用；

(5) 作业前，应按规定逐级进行安全技术教育及技术交底，落实所有安全技术措施和人身防护用品，未经落实不得进行施工操作；

(6) 攀登和悬空高处作业人员及搭设高处作业安全设施的人

员，必须经过专业技术培训及专业考试合格，持证上岗，并定期进行身体检查；

(7) 施工中对高处作业的安全技术设施，发现有缺陷和隐患时，必须及时解决，危及人身安全时，必须停止作业；

(8) 高处作业上下应设置联系信号或通信装置，并指定专人负责；

(9) 施工作业场所有坠落可能的物件，应一律先行拆除或加以固定，高处作业中所用的物料，均应堆放平稳，不妨碍通行和装卸；

(10) 使用的工具应随手放入工具袋，拆卸下的物件、余料和废料均应及时清理运走，不得任意乱置或向下丢弃，传递物件禁止抛掷。作业中的走道、通道板和登高用具，应随时清理干净；

(11) 雨天和雪天进行高处作业时，必须采取可靠的防滑、防寒和防冻措施。凡水、冰、霜、雪均应及时清除；

(12) 对进行高处作业的高耸建筑物，应事先设置避雷设施。遇有6级及以上强风和浓雾、雷电、暴雨等恶劣气候，不得进行露天高处作业。暴风雪及台风暴雨后，应对高处作业安全设施逐一加以检查，发现有松动、变形、损坏或脱落等现象，应立即修理完善；

(13) 因作业必需，临时拆除或变动安全防护设施时，必须经项目负责人同意，并采取相应的可靠措施，作业后应立即恢复；

(14) 防护棚搭设与拆除时，应设警戒区，并应派专人监护，严禁上下同时搭设或拆除；

(15) 高处作业安全设施的主要受力杆件，力学计算按一般结构力学公式，强度及挠度计算按现行有关规范进行，但钢受弯构件的强度计算不考虑塑性影响，构造上应符合现行相应规范的要求。

7.2.3 临边高处作业

1. 临边高处作业的概念

在施工作业时，当作业中的工作面边沿没有围护设施或围护设施的高度低于 800mm 时的高处作业即为临边高处作业，简称临边作业。如:在基坑（槽）、阳台边、屋面周边等 2m 以上部位的施工作业。

2. 临边作业的安全防护

按规定，临边作业必须设置防护措施，并符合下列规定：

（1）基坑周边，尚未安装栏杆或栏板的阳台、料台与挑平台周边，雨篷与挑檐边，无外脚手架的屋面与楼层周边及水箱与水塔周边等处，都必须设置防护栏杆；

（2）头层墙高度超过 3.2m 的二层楼面周边，以及无外脚手架的高度超过 3.2m 的楼层周边，必须在外围架设安全平网一道；

（3）分层施工的楼梯口和梯段边，必须安装临时护栏；顶层楼梯口应随工程结构进度安装正式防护栏杆；

（4）井架与施工用电梯和脚手架等与建筑物通道的两侧边，必须设防护栏杆；地面通道上部应装设安全防护棚；双笼井架通道中间，应予以分隔封闭；

（5）各种垂直运输接料平台，除两侧设防护栏杆外，平台口还应设置安全门或活动防护栏杆。

7.2.4 洞口高处作业

1. 洞口高处作业的概念

洞口高处作业是指洞与孔、边口旁的高处作业，包括施工现场及通道旁深度在 2m 及 2m 以上的桩孔、人孔、沟槽与管道、孔洞等边沿上的作业，简称洞口作业。

孔和洞的定义：按照《建筑施工高处作业安全技术规范》(JGJ 80—1991）的规定：

孔是指楼板、屋面、平台等面上，短边尺寸小于 250mm 的；墙上，高度小于 750mm 的孔洞。

洞是指楼板、屋面、平台等面上，短边尺寸等于或大于 250mm 的；墙上，高度等于或大于 750mm 的孔洞。

建筑施工中常因工程或工序的需要而留设一些洞口。常见的洞口有：桩孔口、预留洞口、电梯井口、楼梯口、通道口等，即为常称的“五口”。

2. 洞口作业的安全防护要求

进行洞口作业以及在因工程和工序需要而产生的，使人与物有坠落危险或危及人身安全的其他洞口进行高处作业时，必须按下列规定设置防护设施：

（1）板与墙的洞口，必须设置牢固的盖板、防护栏杆、安全网或其他防坠落的防护设施；

（2）电梯井口必须设防护栏杆或固定栅门，高度不得低于 1.8m；电梯井内应每隔两层并最多隔 10m 设一道安全网；

（3）钢管桩、钻孔桩等桩孔上口，杯形、条形基础上口，未填土的坑槽，以及人孔、天窗、地板门等处，均应按洞口防护设置稳固的盖件或防护栏杆；

（4）施工现场通道附近的各类洞口与坑槽等处，除设置防护设施与安全标志外，夜间还应设红灯警示。

7.2.5　交叉高处作业

1. 交叉高处作业的概念

交叉高处作业是指在施工现场的不同层次，与空间贯通状态下同时进行的高处作业，简称交叉作业。

建筑物形体庞大，为加速施工进度，经常会组织立体交叉的施工作业，而上下立体的交叉作业又极易造成坠物伤人，所以，交叉作业必须严格遵守相关的安全操作要求。

2. 交叉作业的安全要求

交叉作业时，必须满足以下安全要求：

（1）支模、粉刷、砌墙等各工种进行上下立体交叉作业时，不得在同一垂直方向上操作。下层作业的位置，必须处于依上层高度确定的可能坠落范围半径之外。不符合以上条件时，应设置安全防护层；

（2）钢模板、脚手架等拆除时，下方不得有其他操作人员；

(3) 钢模板部件拆除后，临时堆放处离楼层边沿不应小于1m，堆放高度不得超过1m。楼层边口、通道口、脚手架边缘等处，严禁堆放任何拆下物件；

(4) 结构施工自二层起，凡人员进出的通道口（包括井架、施工用电梯的进出通道口），均应搭设安全防护棚，高度超过24m的层次上的交叉作业，应设双层防护，且高层建筑的防护棚长度不得小于6m。

(5) 由于上方施工可能坠落物件处或处于起重机把杆回转范围之内的通道处，在其受影响的范围内，必须搭设顶部能防止穿透的双层防护廊。

参考文献

[1] 建设部人事教育劳动司．抹灰工（初、中、高级）[M]．北京：中国建筑工业出版社，1999.

[2] 孙日月，左秀福，扬国华．抹灰工工艺与实习（初、中、高级）[M]．北京：中国建筑工业出版社，2000.

[3] 徐化玉．抹灰工手册 [M]．北京：中国建筑工业出版社，1989.

[4] 建设部人事教育劳动司．抹灰工（初、中、高级）[M]．北京：中国建筑工业出版社，2002.